U0084847

Candies x Sweets
Handmade Everyday

糖果×甜點的手作日常

馬卡龍、軟糖、棉花糖、米香等
甜品配方大公開

PREFACE

作者序

煮糖是一門學問，在我深入瞭解煮糖的學問後，我發現煮糖一點都不簡單，除了標準的 sop 外還得考慮到環境、溫度、濕度、手法……等，這些都會影響到，至於要如何解決這些不可抗的因素，我覺得就是經驗，這本書也是 Even 老師要與大家分享煮糖的經驗與樂趣。

有人說越美麗的東西越邪惡，我不否認這點，糖吃多了對身體容易造成負擔跟蛀牙問題，所以我也覺得糖應該要適量的去享用。糖有中式的糖、西式、日式……因為這本書我開始去研究跟世界各地的糖，因為人文、文化的不同，每個國家的糖都有所不一樣，無論是外觀和口感，所以從糖就可以看見了世界的不同，所以將來環遊世界時我一定會買下世界各國的糖來品嚐，感受著不同國家美麗的滋味。

凡經過熬煮的都算是糖，糖的美麗可以和藝術結合，一場感觀、視覺、味覺、嗅覺的饗宴，在本書裡 Even 老師將糖以最美的樣子呈現給大家，也相信美麗的食物可以療癒溫暖人心，適量的享用可以帶給大家好的心情，希望大家能夠以療癒烘焙的心情去製作這些糖，讓收到的人都能感受到幸福。

Even 林憶雯

Even（林憶雯）

⊙ 現任

莘莘烘培行負責人、全台數家烘焙教室料理烘焙老師、上海方太廚具烘焙料理教室老師、上海法蘭達烘焙教室

⊙ 經歷

艾葳咖啡甜點主廚、ISPAVITA 飯店甜點主廚、台糖研發料理師、果漾莊園果乾餅乾專案顧問

FOREWORD

推薦序

恭喜 Even 老師出版新書！ Even 老師從專業繪圖師，轉換跑道成為甜點主廚，定是擁有、且經歷了許許多多出色且與眾不同的經驗。堅持與努力不懈的精神，以及熱衷於研究的好奇心總是令我感到驚奇。Even 老師曾經做為專業繪圖師，與現任甜點主廚的角色，善用不同的配色與裝飾做搭配，藉由巧手創造出的點心總是不會讓人失望，且另人驚艷！另外，從食材、素材，到工具、道具，更是嚴謹選擇做使用。所有被選擇的素材、道具，經過反覆的鑽研，想當然作品不僅外觀漂亮、且色彩華麗，裝飾也不僅僅只是「可愛」，美味程度更是一流！透過閱讀這本食譜書，您就能像 Even 老師那般，如夢似地在家也能簡單地烤焙點心。請大家一定要擁有這一本，世界上獨一無二的食譜書。

林シェフ林シェフこの度は出版おめでとうございます！ Web デザイナーからパティシエへ　職された異色のご経　を持つ林シェフ！たゆまぬ努力と研究熱心な林シェフの好奇心にはいつも驚かされるばかりです。元 Web デザイナーだった事もあり、既存のパティシエさんとは違う配色と　飾で生まれてるくるお菓子達は驚愕の一言。そして、使用されて食品材料から使われる工具に至る全てに神経を尖らせ勉強を重ねているので、華麗に色取られた見た目も美しい「カワイイ」お菓子は　飾だけではなく味も超一流！このレシピ本を手に取って読めば、ご自宅でも簡単に林シェフの様にお菓子が作れるなんてまるで夢の様です。皆さま！世界に一冊だけのスペシャルなレシピ本を是非お手に取ってみてみて下さい。

東聚國際食品有限公司總經理

東俊源

FOREWORD

推薦序

一向擅長創作甜點美食的林憶雯老師又要有新書上市了！在此，謹先祝賀本書能一刷再刷，而成為暢銷名書！

林憶雯老師曾以傳授日本知名餅乾「六花亭酒果餅乾」及「北海道白色戀人」而轟動一時；在那段期間，林憶雯老師應聘走遍全台各大烘焙教室，來傳授這些日本名餅，可以說是桃李滿天下。並且也因此受聘來果漾莊園指導上述兩大餅乾，果漾莊園受益匪淺！其中酒果餅乾經長時間冷凍保存測試，已經通過考驗，並已列入果漾莊園準備要上市的商品！

如今，林憶雯老師的新作「糖果 X 甜點的手作日常」一書，詳細而有系統的羅列了許多的糖果及甜點的美食，如馬卡龍、牛軋糖、牛奶糖、軟糖、羊羹等多款甜點、糖果，對甜點控正是一大福音！

已經有越來越多的人，積極投入學習料理、烘焙美食。甜點、糖果等，全國各大烘焙教室經常看到報名滿額的情況！因為去學這些課程，不僅可以做給家人吃，更可以提供給親友一份最安全的美食，更可以為自己的生活增添一些活力及情趣！

本書在平凡中有新奇，在傳統中見創新，正是甜點控們值得擁有及收藏的一本好書。

果漾莊園國際食品有限公司 General Manager

Contents 目錄

CHAPTER. 02

其他甜點

OTHER DESSERTS

♦ 羊羹 YOKAN

♦ 米香 CRISPY RICE

♦ 糖果與餅乾的結合 COMBINATION OF CANDY & BISCUITS

♦ 果醬 JAM

工具介紹

烤盤油

防止糖漿沾黏時使用。

剪刀

將材料切割或剪開時使用，例如：三明治袋、三明治袋等。

打蛋器

攪拌食材。

小型打蛋器

攪拌食材。

電動攪拌機

攪拌食材。

小型半圓形模具

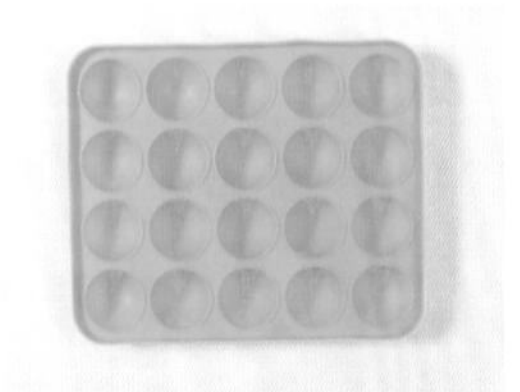

製造甜點時所須的模具，例如：慕斯球。

大型半圓形模具

製造甜點時所須的模具，例如：慕斯球。

方形模具

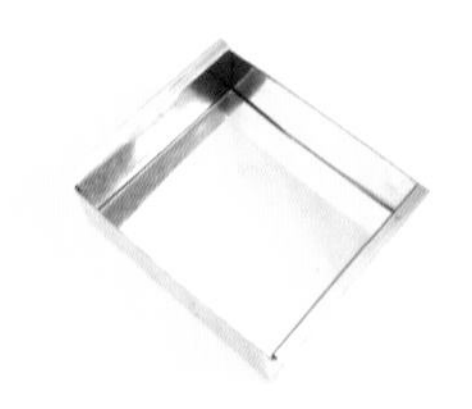

製造甜點時所須的模具，例如：羊羹。

花形模具

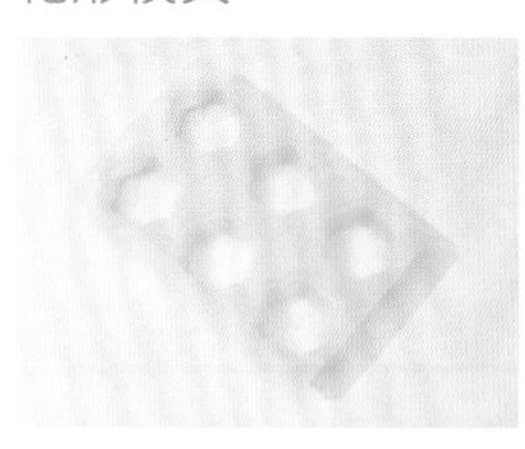

製造甜點時所須的模具，例如：羊羹。

長方形模具

製造甜點時所須的模具，例如：羊羹。

瓦斯爐

煮材料時使用的火爐。

探針溫度計

測量溫度。

不鏽鋼盆

盛裝各式粉類及材料。

不鏽鋼鍋

煮糖漿或巧克力時，盛裝材料的器皿。

煮糖鍋

煮糖漿或巧克力時，盛裝材料的器皿。

花嘴

將材料擠出所須形狀時使用的輔助工具，例如：棉花糖、麵糊等。

三明治袋

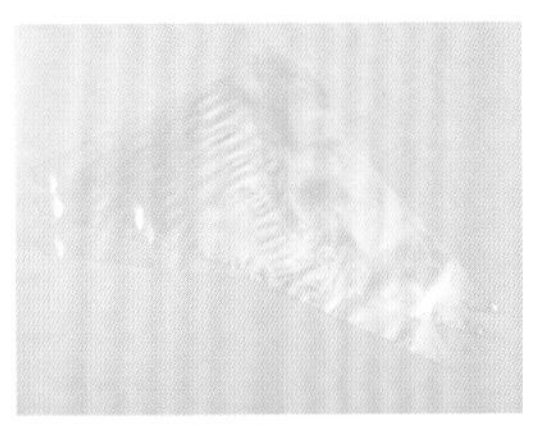

盛裝材料時使用，例如：棉花糖、麵糊、巧克力等。

刷子

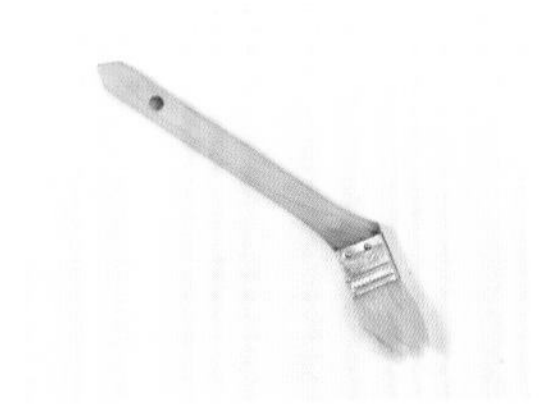

刷除多餘粉類。

竹籤

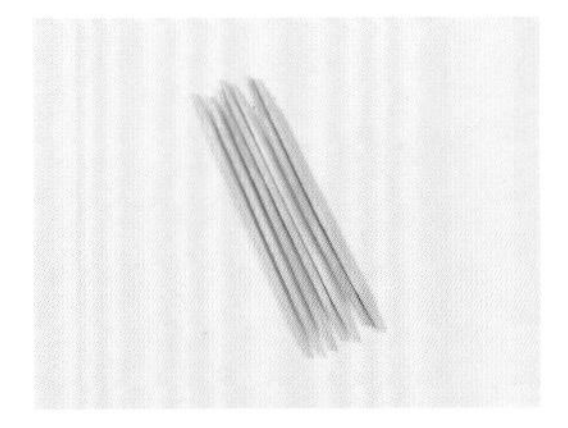

輔助沾取糖漿。

棉花棒

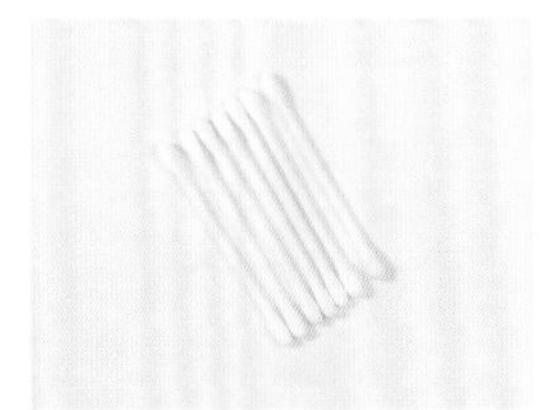

輔助沾取色粉。

水彩筆

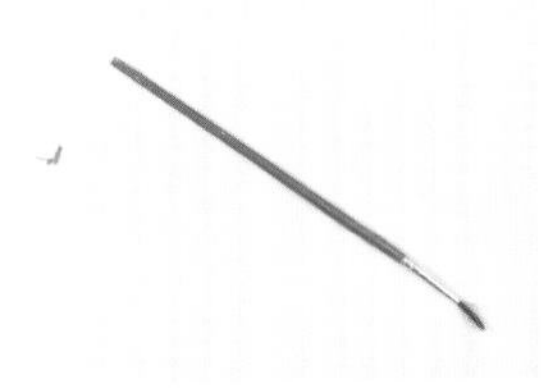

輔助沾取色粉。

針車鑽

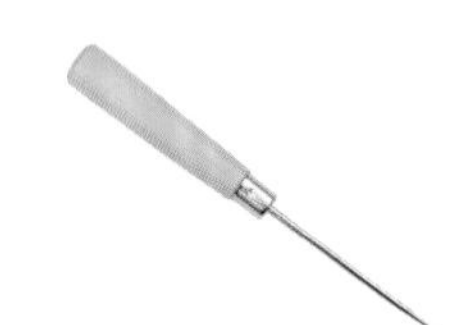

輔助沾取糖漿。

剖半吸管

裝飾時使用，輔助在糖果上裝飾。

濾網

過篩粉類時使用，使粉類不結塊。

耐熱塑膠袋

具有不易沾黏的效果。

烘焙墊

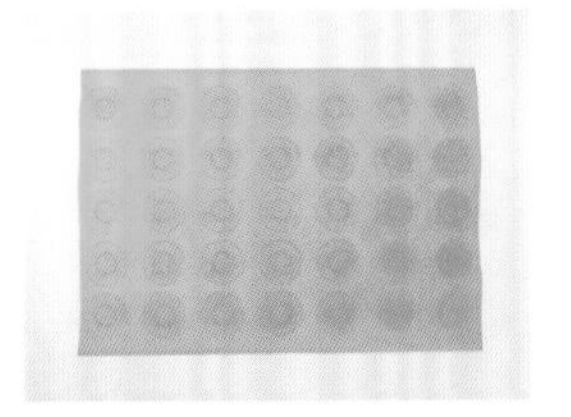

具有不易沾黏的效果。

烘焙布

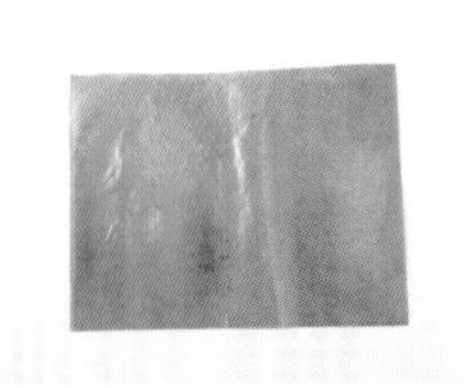

具有不易沾黏的效果。

不沾黏烘焙墊

具有不易沾黏的效果。

隔熱手套

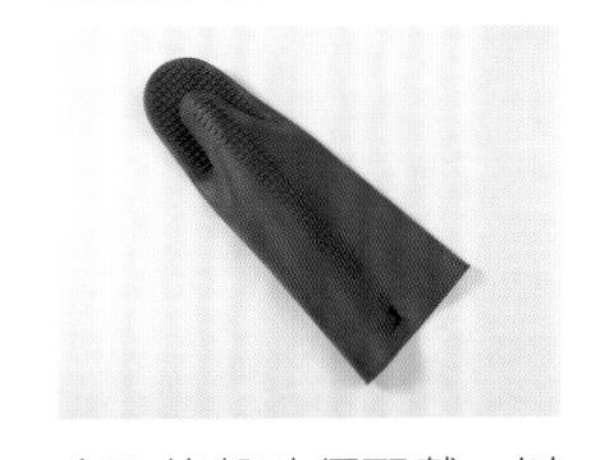

拿取烤盤時須配戴，以防止手燙傷。

烤盤

烘烤時使用，盛裝材料的器皿。

計時器

計算時間長度。

擀麵棍

將材料整形或擀平材料時使用，例如：麵團、塑形巧克力等。

刮刀

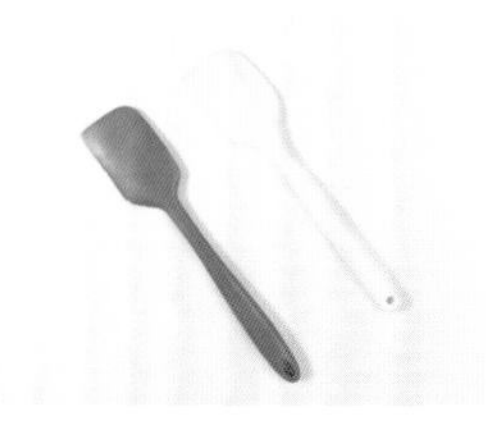

攪拌或刮取黏稠類、糊狀材料時使用。

刮板

刮平麵糊或切割麵團時使用，切面較為平整。

砧板

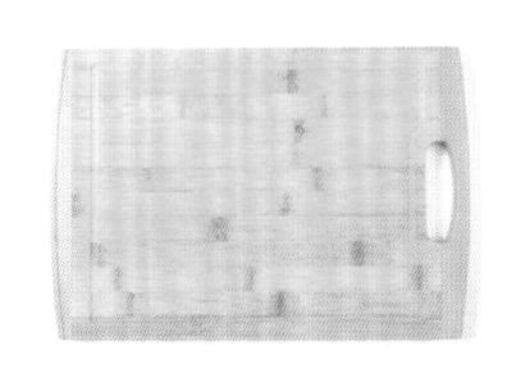

分切材料時使用，以保護桌面。

水果刀

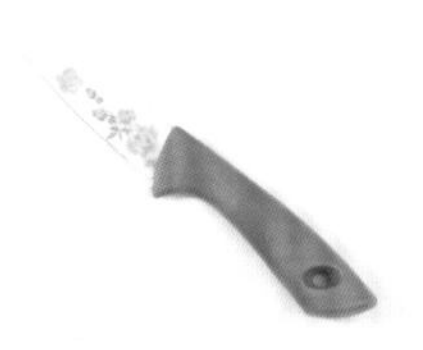

分切材料。

菜刀

分切材料。

切糖刀

分切糖果。

波浪刀

切出波浪造型。

噴瓶

噴水時使用。

微波爐

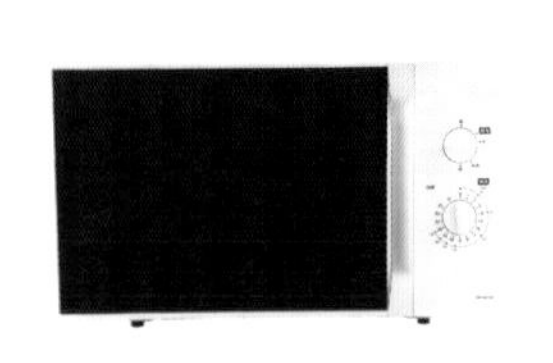

加熱材料時使用。

烤箱

烘烤時使用。

電子秤

秤量材料重量。

果汁機

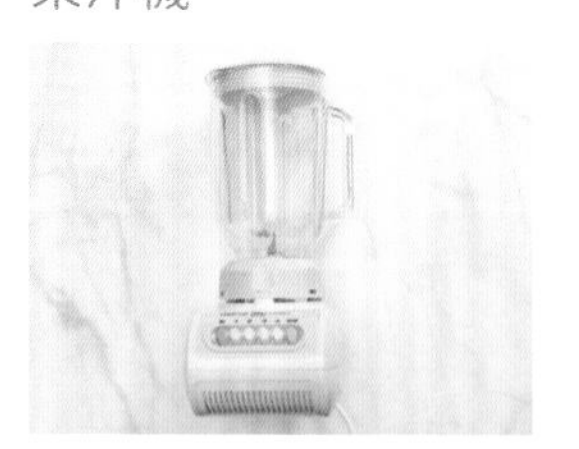

將材料打成泥狀、碎狀。

BASIC INFORMATION

食材介紹

◆ 粉類

玉米粉

地瓜粉

果膠粉

低筋麵粉

防潮可可粉

糙米粉

抹茶粉

小蘇打粉

紅茶粉

全脂奶粉

即溶咖啡粉

吉利丁粉

糖粉

泡打粉

紫芋粉

義式香料粉

起司粉

紅椒粉

洋菜粉

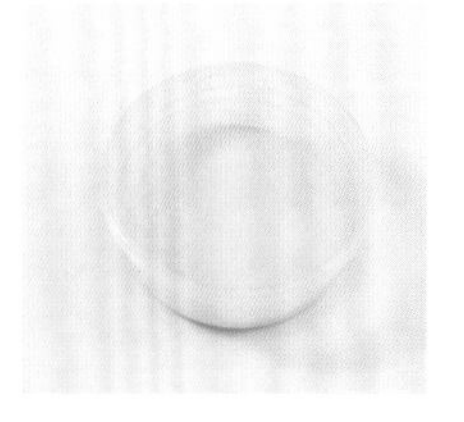

◆ 糖類

細砂糖

水麥芽

黑糖

二號砂糖

糖粉

♦ 酒類

咖啡酒

梅酒莎瓦

甜酒

橙酒

♦ 果汁、果醬、水果類

奇異果醬

芒果醬

柚子果醬

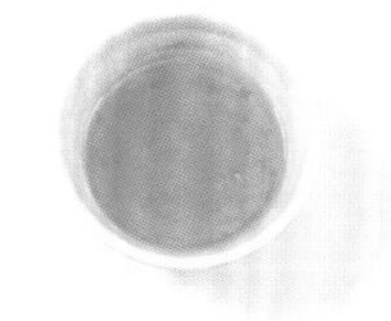

蔓越莓濃縮果汁

葡萄濃縮果汁

檸檬汁

冷凍藍莓

冷凍蔓越莓

梅子

葡萄

♦ 穀物、堅果、果乾類

杏仁

花生

綜合堅果

米乾

燕麥

黑、白芝麻

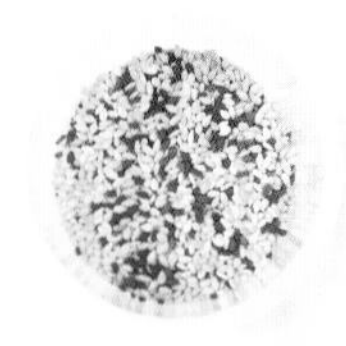

核桃

腰果

蜜漬橙皮

蔓越莓乾

♦ 其他類

飲用水

無鹽奶油

動物性鮮奶油

檸檬酸

液態油

鮮奶

煉奶

全蛋

蛋黃

蛋白

蜂蜜

苦甜巧克力

香草醬

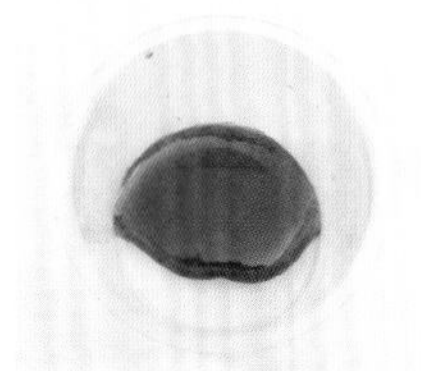

紅豆沙

白豆沙

紅茶包

麻糬

芋泥

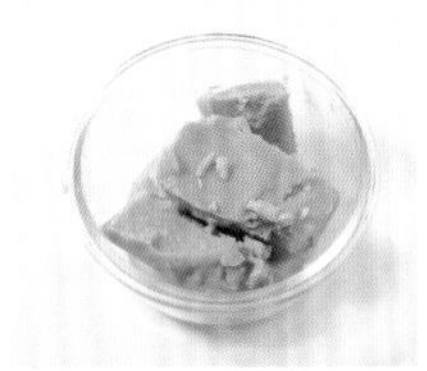

咖哩糊

青醬

肉鬆

削皮紅蘿蔔丁

芋條餅乾

糖果包裝方法

◆ 噴烤盤油後入盒

01 以烤盤油在軟糖表面噴油，可防止沾黏。

02 將軟糖放入紙盒中。

03 重複步驟2，依序將軟糖放入盒中。

04 將塑膠盒蓋套入紙盒中。

01

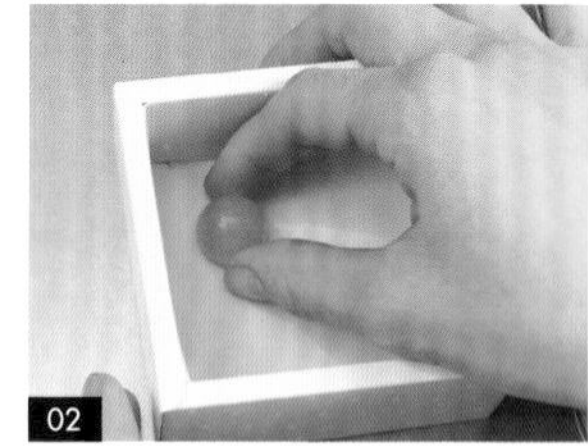
02

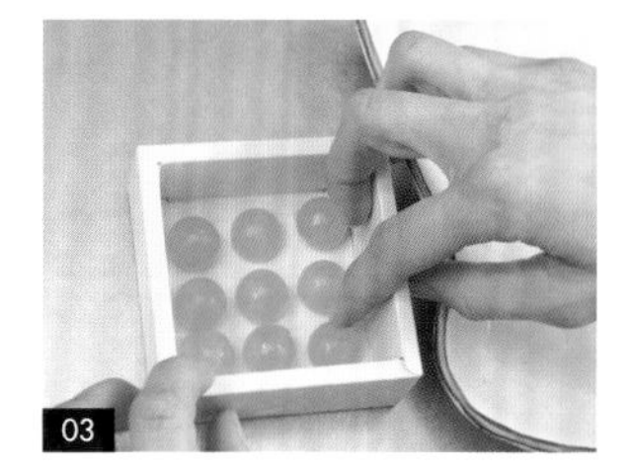
03

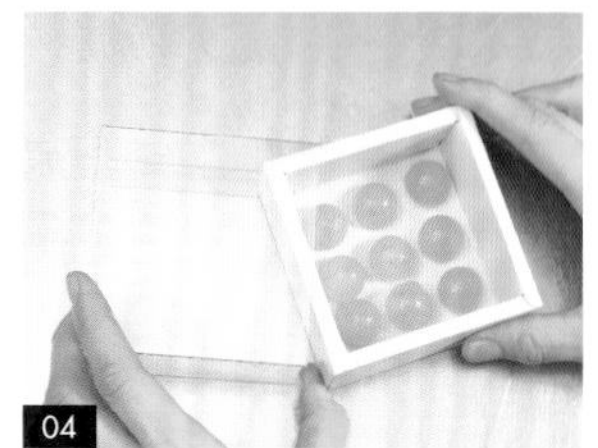
04

◆ 撒日式太白粉後入盒

01 用手輕拍篩網，將日式太白粉均勻撒在軟糖表面，以防止沾黏。

02 取毛刷，將軟糖表面多餘的日式太白粉刷落。

03 將軟糖放入紙盒中。

04 將塑膠盒蓋套入紙盒中。

01

02

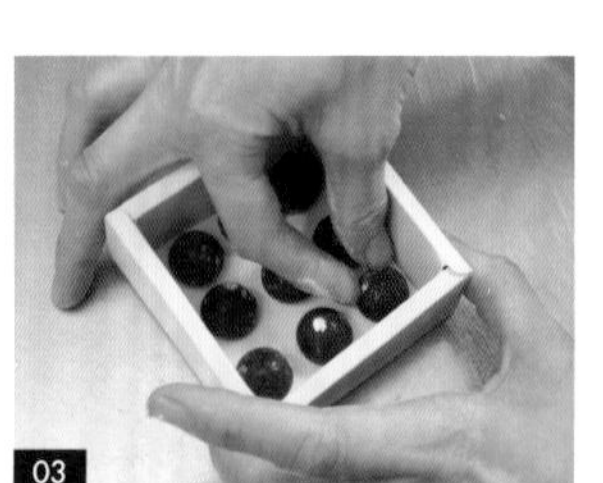
03

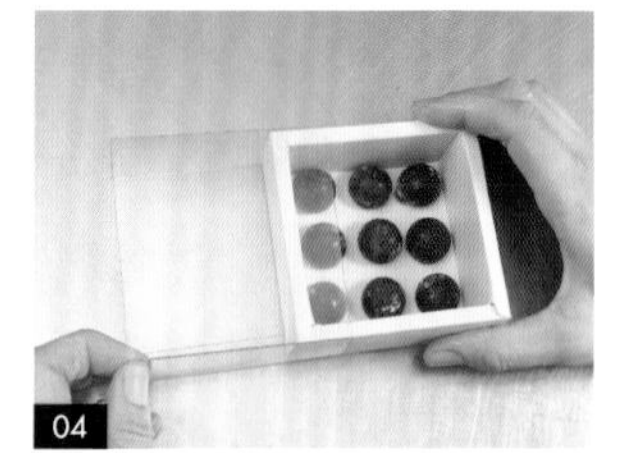
04

♦ 糖果紙包裝

01 取糖果紙，將軟糖放在糖果紙中間。

02 用雙手將下方糖果紙向上折，並包覆軟糖。

03 重複步驟2，將上方糖果紙向下折，並包覆軟糖。

04 用手扭轉兩側糖果紙，以固定糖果。

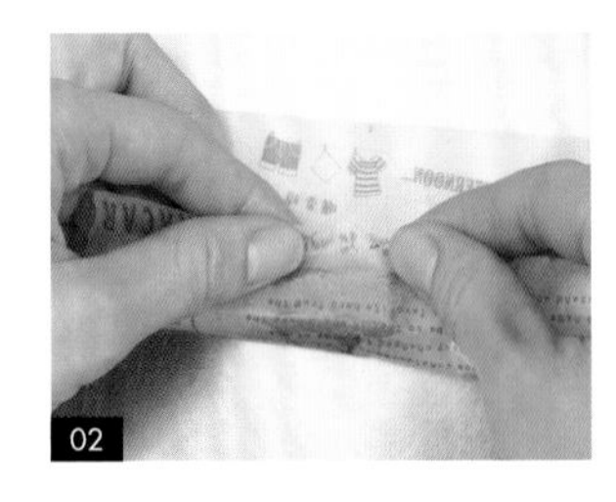

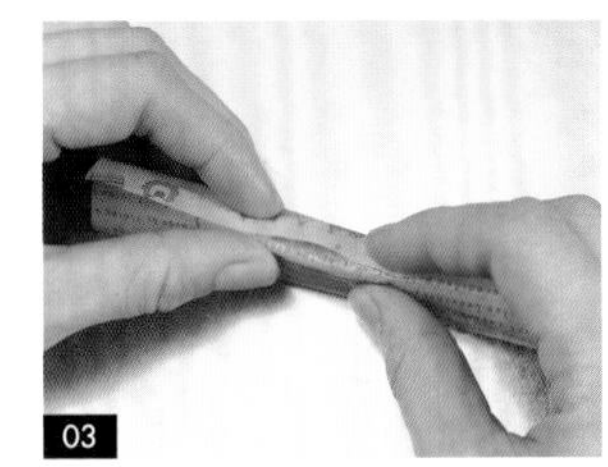

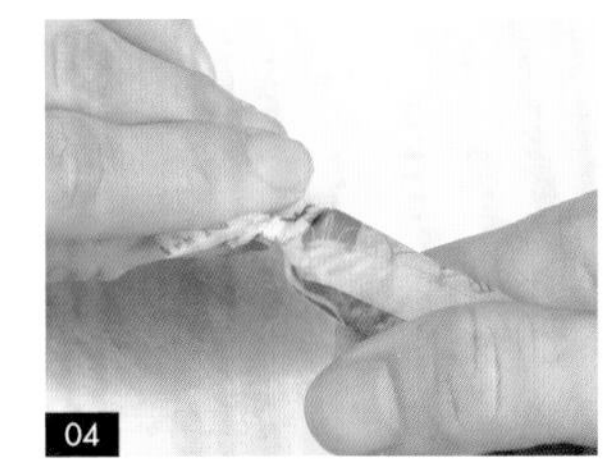

♦ 糖果裝袋

01 將軟糖放入袋中。

02 用手從將袋口右側開始捏出皺摺。

03 持續捏出皺摺，至將袋口完全封起。

04 如圖，在皺摺底部放上封口紮絲，並將封口紮絲對折。

05 用手扭轉封口紮絲，以將袋口束起。

06 如圖，裝袋完成。

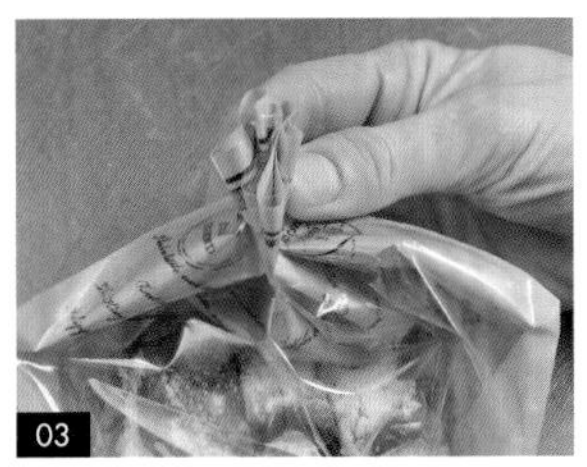

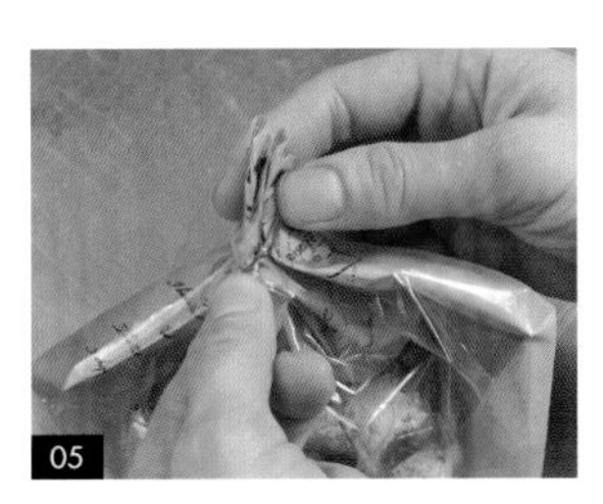

SUBSTRATE MAKING

糖霜製作

INGREDIENTS 材料

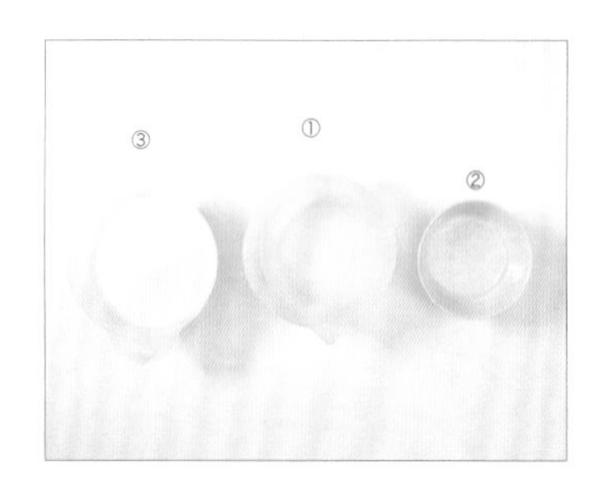

① 飲用水 適量
② 水麥芽 適量
③ 細砂糖 適量

糖霜製作動態影片 QRcode

STEP BY STEP 步驟

01 準備一空鍋，依序倒入飲用水、水麥芽、細砂糖後，開火。

⇒ 先加入液態材料，再加入固態材料。

02 在鍋中放入探針以測量溫度，待溫度升至118度時關火。

⇒ 無須攪拌糖漿，以免反砂。

03 將糖漿倒入鋼盆中，以電動攪拌機以中速打約3分鐘。

04 重複步驟3，打至糖霜呈結晶狀。

05 以刮板為輔助，將糖霜刮至不沾黏烘焙墊上。

06 取一塑膠袋，並裝入糖霜，靜置待冷卻後密封。

07 如圖，糖霜製作完成。

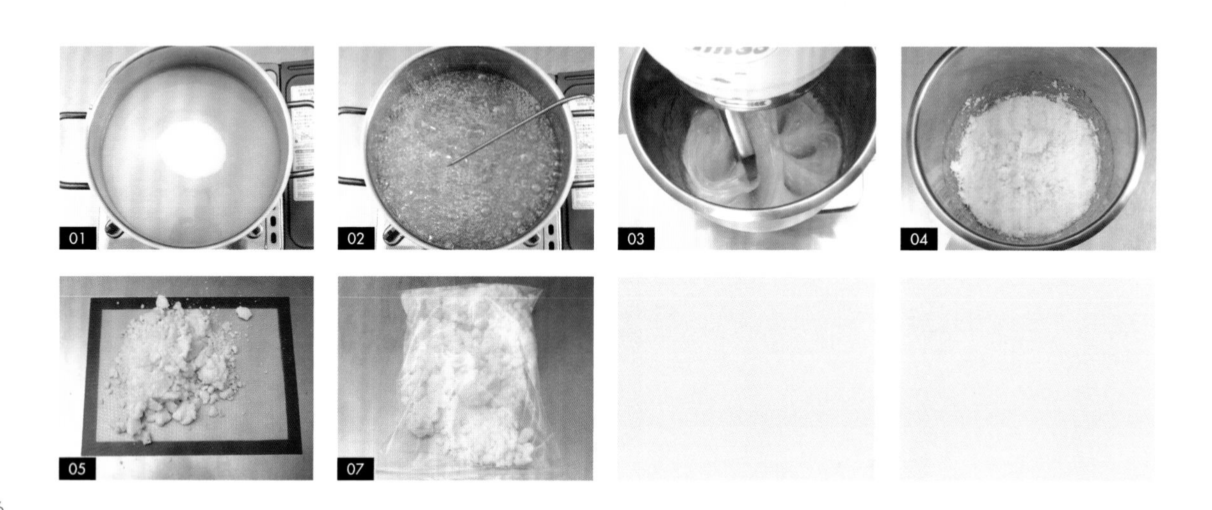

SUBSTRATE MAKING

馬卡龍殼製作

INGREDIENTS 材料

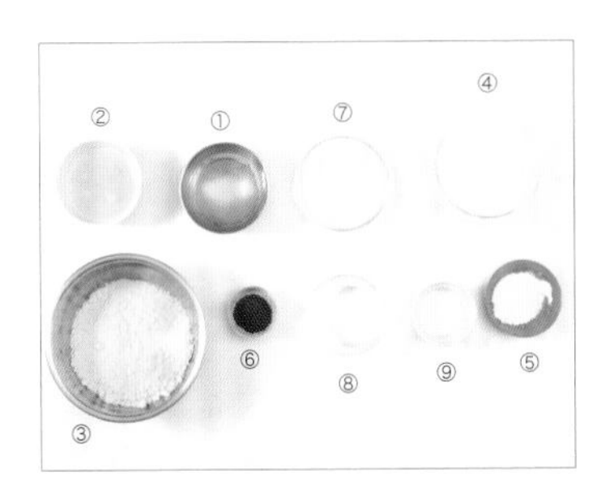

① 蛋白 a（常溫）	55g	⑥ 竹炭粉	5g
② 蛋白 b（冷藏）	64g	⑦ 砂糖 a	157g
③ 杏仁粉	138g	⑧ 飲用水	45cc
④ 純糖粉	150g	⑨ 砂糖 b	20g
⑤ 低筋麵粉	10g		

STEP BY STEP 步驟

前置作業

01 將蛋白a，靜置待恢復常溫，備用。

馬卡龍麵糊製作

02 準備一空盆，將粗孔篩網放在盆內，並將杏仁粉、純糖粉混和並以篩網過篩。

⇒ 勿用細孔篩網過篩。

03 重複步驟2，再次以篩網過篩杏仁粉、純糖粉。

04 在鋼盆中加入蛋白a，並以刮刀攪拌均勻，為原色粉料。

05 先將原色粉料平分成兩等分，並在其中一份中加入低筋麵粉後攪拌均勻以調色，為原色粉料；在另一份中加入竹炭粉後攪拌均勻以調色，為黑色粉料，備用。

02

03

04

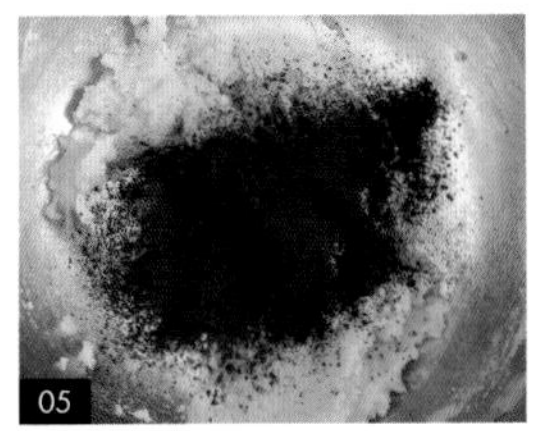
05

06 取一鍋子，並倒入飲用水、砂糖a，搖勻後開火。

⇨ 勿攪拌糖漿，以免反砂。

07 在鍋中放入探針以測量溫度，待溫度升至100～110度時開始打發蛋白b。

08 將蛋白b倒入桌上型電動攪拌機中，以球狀攪拌器開始打發。

09 打發蛋白至呈大泡泡狀態後，加入½砂糖b，並持續攪拌。

10 打發蛋白至呈現細緻狀後，加入剩下的½砂糖b，並持續攪拌。

11 將117～120度的糖漿沿著鋼盆邊緩緩沖入蛋白中，並持續快速打發至蛋白不滴落的狀態，即完成蛋白霜。

12 將¼的蛋白霜加入原色粉料中，並以刮刀壓拌均勻。

13 重複步驟12，將剩下的¼蛋白霜加入原色粉料中，並以刮刀壓拌均勻，至呈現微流動狀態，即為原色馬卡龍糊。

14 重複步驟12-13，將剩下的½蛋白霜分成兩次倒入黑色粉料中，並以刮刀壓拌均勻至微流動狀態，即為黑色馬卡龍糊。

15 將花嘴放入三明治袋中，並將三明治袋尖端以剪刀平剪小洞。

16 用手將花嘴前端由小洞拉出後，再扭轉花嘴以固定。

17 取量杯，並放入三明治袋後，以刮刀為輔助，將原色馬卡龍糊刮入量杯中。

18 將三明治袋提起，並在尾端打結，即完成原色馬卡龍糊製作。

19 重複步驟15-18，完成黑色馬卡龍糊製作。

❀ 單色馬卡龍殼

20　以黑色馬卡龍糊在烤盤上擠出圓形，即為單色馬卡龍殼。

❀ 雙色馬卡龍殼

21　將原色馬卡龍糊、黑色馬卡龍糊分別裝入三明治袋中，並以剪刀平剪小洞。

22　重複步驟15-16，將三明治袋裝上花嘴。

23　將原色馬卡龍糊、黑色馬卡龍糊放入三明治袋中，為雙色馬卡龍糊。

24　以雙色馬卡龍糊在烤盤上擠出圓形，即為雙色馬卡龍殼。

❀ 烘烤

25　將馬卡龍殼放進已預熱至上火60度、下火60度的烤箱，烘烤至表皮不沾手。

26　將馬卡龍殼從烤箱取出，將烤箱溫度調整至上火140度、下火150度，並在烤箱下層放一個烤盤後，烘烤5分鐘。

27　調整溫度至上火130度、下火140度後，烘烤5分鐘。

28　取出下方烤盤，並將馬卡龍殼調頭轉向180度後放回烤箱中，以上火100度、下火150度烘烤20分鐘。

⇒ 將烤盤轉向再烘烤，以使麵糊均勻受熱。

29　從烤箱取出馬卡龍殼，並從烘焙墊上輕取馬卡龍殼，若不沾黏烘焙墊即完成烤焙；須等馬卡龍殼與烤盤一同冷卻後，才可將馬卡龍殼從烘焙墊取下。

馬卡龍殼製作
動態影片
QRcode

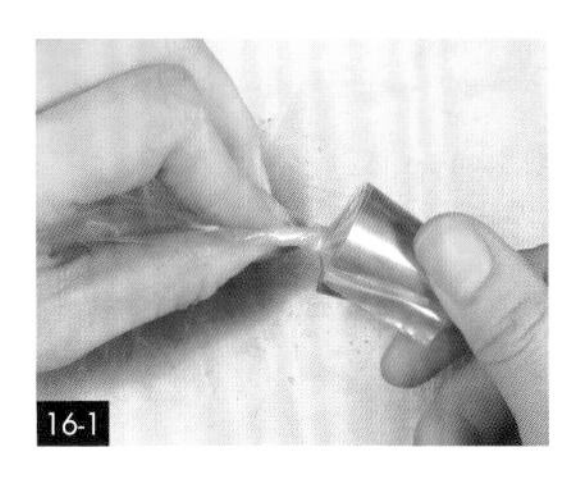

16-1

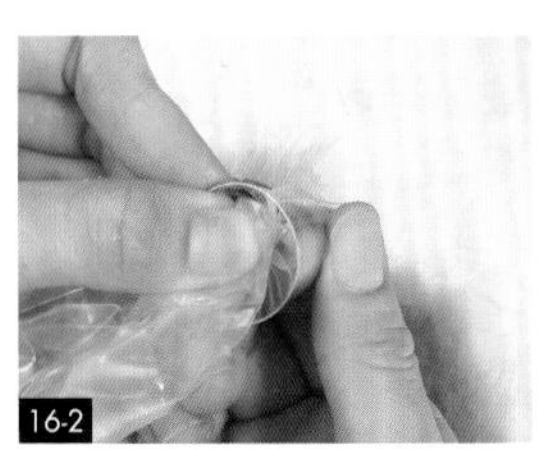

16-2

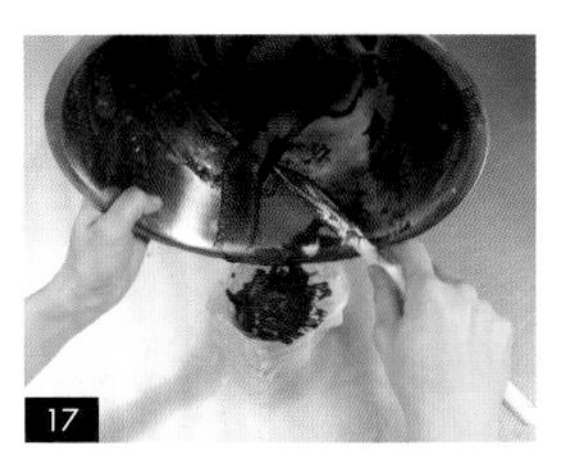

17

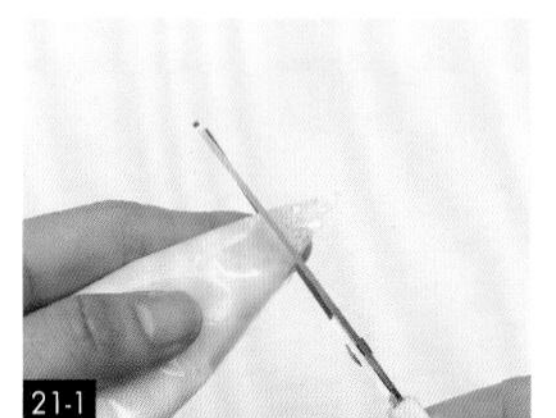

21-1

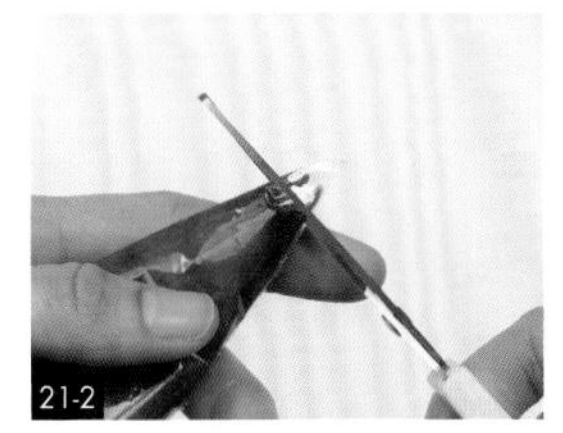

21-2

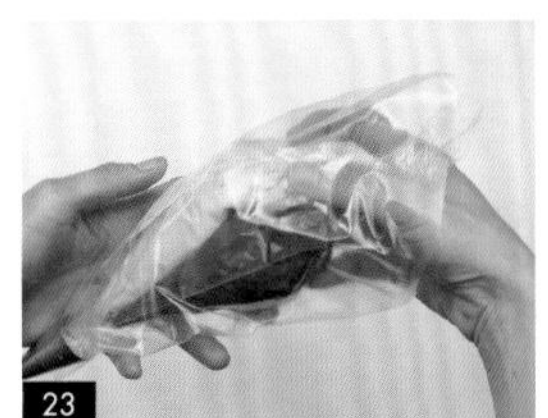

23

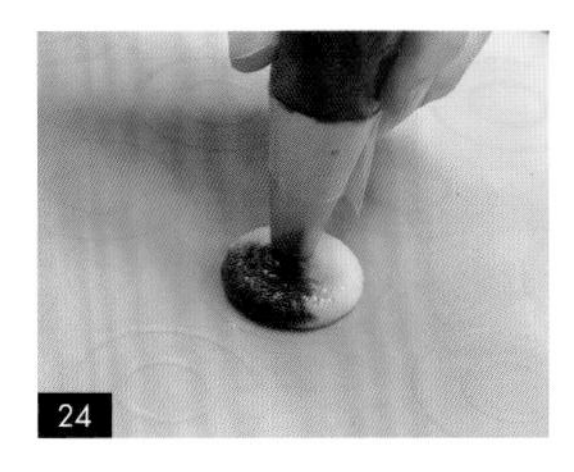

24

29

SUBSTRATE MAKING

米乾製作

INGREDIENTS 材料

① 食用油　適量
② 米　適量

米乾製作動態
影片 QRcode

STEP BY STEP 步驟

01 準備一空鍋，倒入食用油後，開火。

02 將油加熱至放入筷子時出現細小泡沫即可。

⇒ 加熱至放入米粒後浮起即可。

03 以濾網將少許米放入鍋中後，持續畫圈以散開米粒。

⇒ 米、濾網須乾燥無水分，以防止油爆。

04 待米粒浮起後，以濾網瀝乾油分並取出。

⇒ 取出後，須放在白報紙上吸油。

05 重複步驟3-4，完成米乾製作。

06 如圖，米乾製作完成。

⇒ 米乾請於三日內用完，以防止硬化。

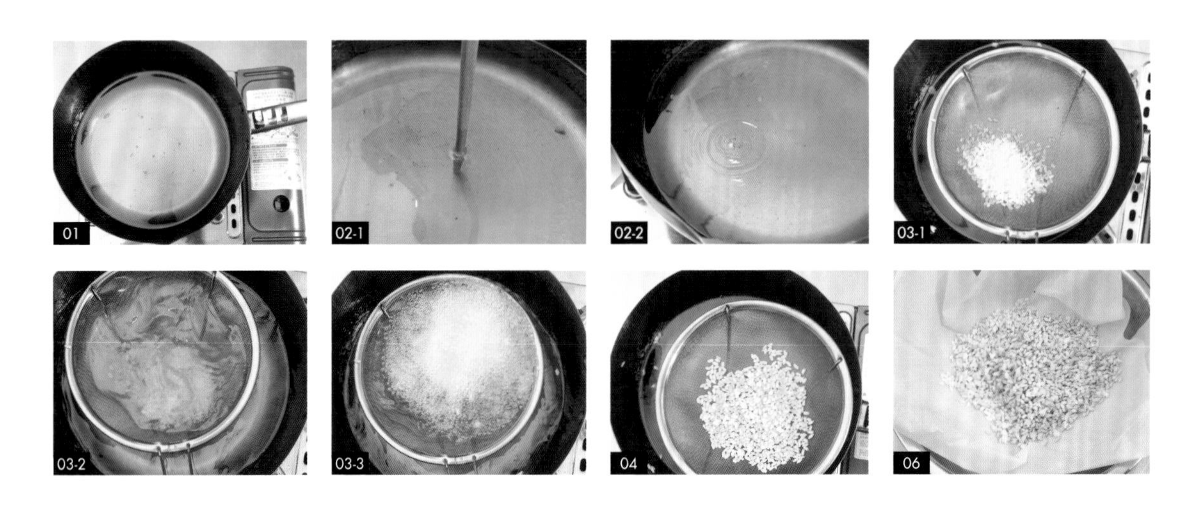

CANDIES
糖果

CHAPTER. 01

OTHER OPERATING INSTRUCTIONS

調色

❀ 竹炭水調製

01 以湯匙取少許水加入竹炭粉中，並攪拌均勻。

02 如圖，竹炭水調製完成。

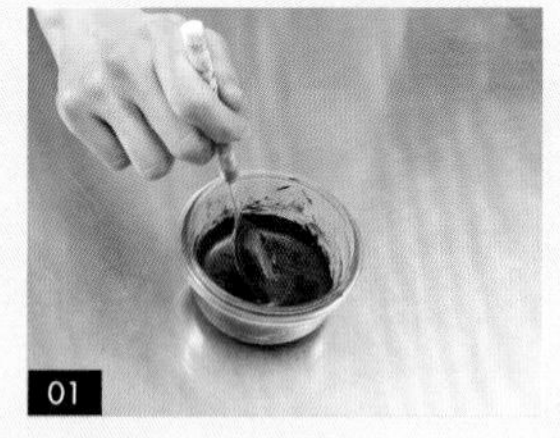
01

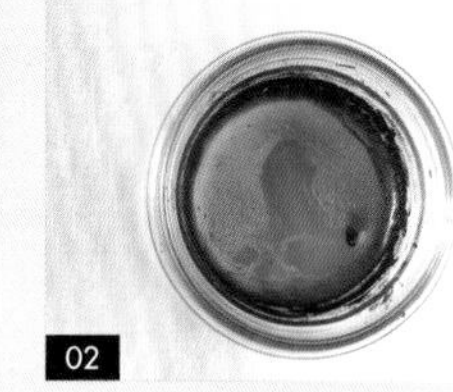
02

❀ 棉花糖糊調色

01 將烤箱預熱至上火60度、下火60度。

02 將三明治袋放入量杯中後，以牙籤沾取少許色膏，並塗抹至三明治袋中。

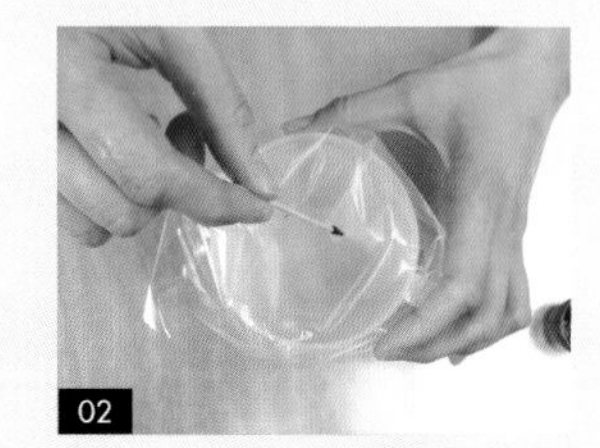
02

03 以刮刀為輔助，倒入適量棉花糖糊。

04 將三明治袋打結後，用手搓揉至棉花糖糊均勻上色。

⇒ 若因棉花糖糊溫度變低，而不好調色，可先放入烤箱中保溫，待溫度恢復後，再進行搓揉。

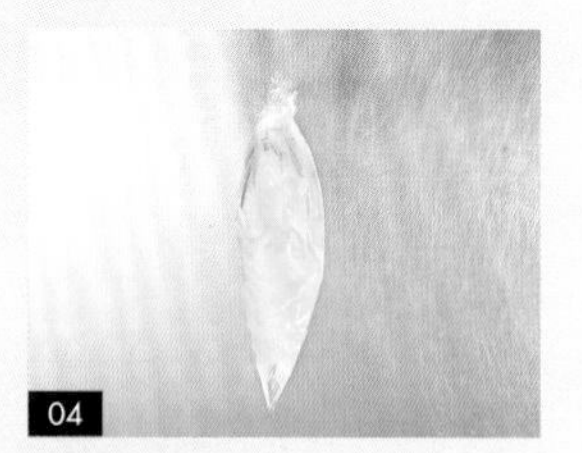
04

05 使用前，以剪刀將三明治袋尖端平剪，以擠出棉花糖糊。

06 將棉花糖糊放入已預熱好的烤箱中保溫，即完成棉花糖糊調色。

⇒ 製作好的棉花糖糊要盡快使用完，以免消泡。

06

OTHER OPERATING INSTRUCTIONS

撒粉

01 取一個烤盤，並放上不沾黏烘焙墊。

02 以篩網為輔助，將日式太白粉均勻撒在不沾黏烘焙墊上，以防止棉花糖糊沾黏。

03 如圖，撒粉完成。

02

03

Mashmallow No.01

◆ 棉花糖製作

懶熊造型棉花糖

保存方式 冷凍密封保存14天；冷藏密封保存10天；常溫密封保存5天。

取出時機 待棉花糖不沾手即可用竹炭水畫表情；待竹炭水乾後即可撒粉取出。

INGREDIENTS 材料

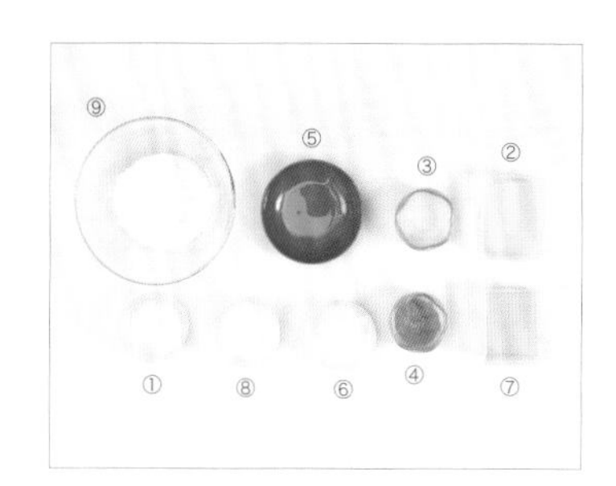

① 橙酒	12cc
② 吉利丁粉	6g
③ 飲用水	15cc
④ 濃縮柳橙汁	15cc
⑤ 水麥芽	10g
⑥ 細砂糖 a	25g
⑦ 蛋白	35g
⑧ 細砂糖 b	30g
⑨ 日式太白粉	適量

STEP BY STEP 步驟

糖漿製作

01 將烤箱預熱至上火60度、下火60度。

02 將橙酒、吉利丁粉混合後拌勻，蓋上保鮮膜，並放入已預熱好的烤箱中保溫，為吉利丁酒，備用。

⇒ 因吉利丁粉須時間融化，建議提早20分鐘準備。

03 準備一空鍋，依序倒入飲用水、濃縮柳橙汁、水麥芽、細砂糖a，搖勻後開火。

04 煮勻後，取出保溫的吉利丁酒，倒入糖漿中，稍微搖勻，蓋上保鮮膜，並放入已預熱好的烤箱中保溫，為吉利丁糖漿，備用。

蛋白霜打發

05 準備一鋼盆，倒入蛋白，取電動攪拌機以中速打發。

06 打至大泡泡狀態後，加入½細砂糖b。

05

06-1

06-2

08

07　以中速打至蛋白呈現細緻狀態後，加入剩下的½細砂糖b。

08　以中速打發至蛋白不滴落的狀態，即完成蛋白霜打發。

❀ 棉花糖糊製作

09　取出保溫的吉利丁糖漿，並倒入蛋白霜中。

10　取電動攪拌機以中速打發至蛋白霜糖糊滴落，痕跡慢慢消失的狀態，即完成白色棉花糖糊。

11　取熱水，將棉花糖糊隔水保溫，備用。

12　將白色棉花糖糊分裝成四袋，並製作藍色、粉色、膚色棉花糖糊。

⇒ 可參考棉花糖糊調色P.22。

13　將棉花糖糊放入已預熱好的烤箱中保溫，備用。

⇒ 製作好的棉花糖糊要盡快使用完，以免消泡。

❀ 懶熊棉花糖造型Ⅰ製作（以下示範造型1、造型2，其餘造型請參考動態影片QRcode）

14　取一個烤盤，並放上不沾黏烘焙墊後，以篩網為輔助撒上日式太白粉。

15　以粉色棉花糖糊擠出半圓球體，為頭部。

16　以白色棉花糖糊在半圓形球體前方擠出圓形，為吻部，並靜置稍微凝固。

17　以粉色棉花糖糊在頭頂兩側擠出半圓球體後，以針車鑽挑出氣泡，為耳朵。

18 以白色棉花糖糊在兩側耳朵上擠出圓形，為耳窩。

19 取膚色棉花糖糊，在吻部兩側側擠出短線，為腮紅。

20 製作竹炭水。

⇒ 可參考竹炭水調製 P.22。

21 以針車鑽前端沾取竹炭水繪製往右上傾斜的短直線。

22 重複步驟21，形成倒V形，為嘴巴。

23 以筷子沾取竹炭水，點在倒V形的尖端，為鼻子。

24 以筷子沾取竹炭水，在鼻子兩側點出眼睛。

⇒ 也可以針車鑽前端沾取竹炭水繪製短橫線，為瞇瞇眼。

25 如圖，完成頭部製作。

26 以粉色棉花糖糊擠出半圓球體。

27 以白色棉花糖糊在半圓形球體前方擠出圓形，為腹部，靜置待稍微成型。

28 在半圓球體中再次擠入粉色棉花糖糊，以加強立體感，為身體。

29 以粉色棉花糖糊在腹部上方兩側擠出半圓形球體後，以針車鑽挑出氣泡，為前腳。

30 以白色棉花糖糊在半圓形球體上擠出圓形，為熊掌。

31 以粉色棉花糖糊在腹部下方兩側擠出橢圓體後，以針車鑽挑出氣泡，為後腳。

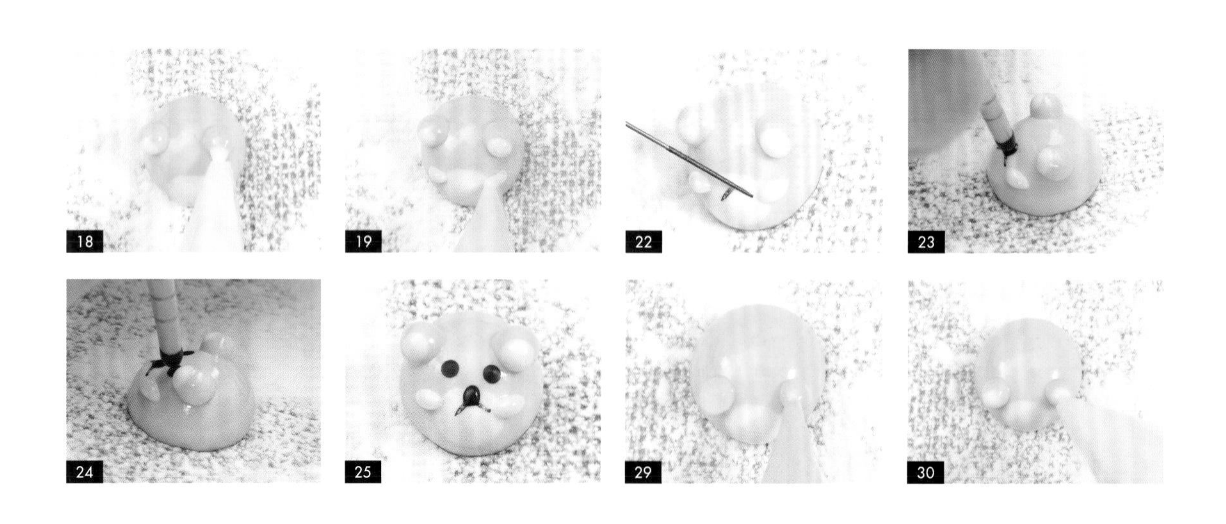

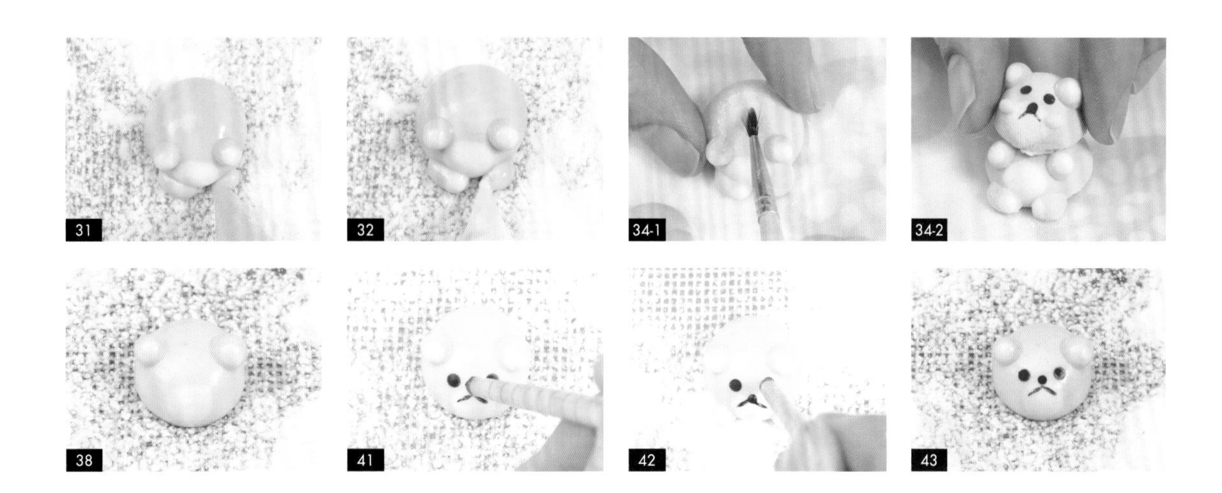

32 以白色棉花糖糊在後腳擠出圓形，為熊掌。

33 靜置待凝固後，以篩網為輔助，將日式太白粉撒在棉花糖表面以防止沾黏，並以毛刷刷落多餘日式太白粉。

⇒ 須在用手輕觸棉花糖時，表面是不沾黏的狀態，才可撒粉。

34 取已沾水的水彩筆，塗抹頭部和身體的接合處後黏合，即完成懶熊棉花糖造型1製作。

❀ 懶熊棉花糖造型 2 製作

35 以藍色棉花糖糊擠出半圓球體，為頭部。

36 以白色棉花糖糊在半圓形球體前方擠出圓形，為吻部，並靜置稍微凝固。

37 以藍色棉花糖糊在頭頂兩側擠出半圓球體並以針車鑽挑出氣泡，為耳朵。

38 以白色棉花糖糊在兩側耳朵上擠出圓形，為耳窩。

39 以針車鑽前端沾取竹炭水繪製往右上傾斜的短直線。

40 重複步驟39，形成倒V形，為嘴巴。

41 以筷子沾取竹炭水，點在倒V形的尖端，為鼻子。

42 以筷子沾取竹炭水，在鼻子兩側點出眼睛。

⇒ 也可以針車鑽前端沾取竹炭水繪製短橫線，為瞇瞇眼。

43 如圖，完成頭部製作。

44 以藍色棉花糖糊擠出半圓球體。

45 以白色棉花糖糊在半圓形球體上方擠出圓形，為腹部，靜置待稍微成型。

46 在半圓球體中再次擠入藍色棉花糖糊，以加強立體感，為身體。

47 以藍色棉花糖糊在腹部上方兩側擠出橢圓形球體後，以針車鑽挑出氣泡，為前腳。

48 以白色棉花糖糊在橢圓形球體上擠出圓形，為熊掌。

49 以藍色棉花糖糊在橢圓形球體左下側擠出橢圓體，為左後腳。

50 以白色棉花糖糊在左後腳上擠出圓形，為熊掌。

51 靜置待稍微凝固後，以藍色棉花糖糊在橢圓形球體右下側擠出橢圓體後，以針車鑽挑出氣泡，為右後腳。

⇒ 將右後腳疊在左後腳上，更加生動。

52 以白色棉花糖糊在右後腳上擠出圓形，為熊掌。

53 靜置待凝固後，以篩網為輔助，將日式太白粉撒在棉花糖表面以防止沾黏，並以毛刷刷落多餘日式太白粉。

⇒ 須在用手輕觸棉花糖時，表面是不沾黏的狀態，才可撒粉。

54 取已沾水的水彩筆，塗抹頭部和身體的接合處後黏合。

55 以棉花棒沾取紅色色粉點在臉頰兩側上，為腮紅，即完成懶熊棉花糖造型2製作。

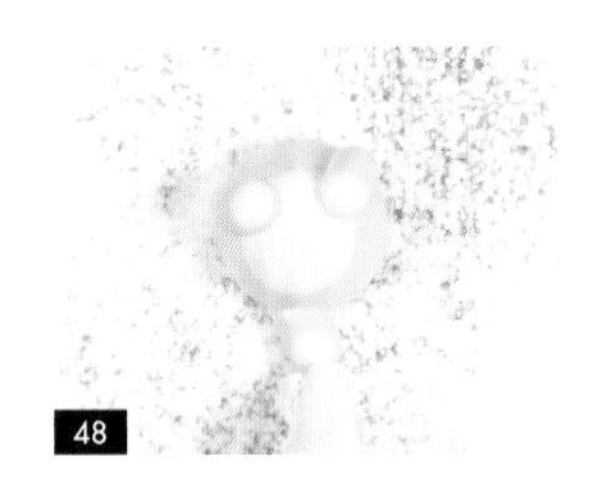

棉花糖基底糊製作動態影片 QRcode

造型 1 製作動態影片 QRcode

造型 2 製作動態影片 QRcode

造型 3 製作動態影片 QRcode

造型 4 製作動態影片 QRcode

Mashmallow No.02

◆ 棉花糖製作

喵喵造型棉花糖

保存方式 冷凍密封保存14天；冷藏密封保存10天；常溫密封保存5天。

取出時機 待棉花糖不沾手即可用竹炭水畫表情；待竹炭水乾後即可撒粉取出。

INGREDIENTS 材料

材料	份量	材料	份量
① 飲用水 a	6cc	⑥ 水麥芽	10g
② 濃縮柚子汁 a	6cc	⑦ 細砂糖 a	25g
③ 吉利丁粉	6g	⑧ 蛋白	35g
④ 飲用水 b	15cc	⑨ 細砂糖 b	30g
⑤ 濃縮柚子汁 b	15cc	⑩ 日式太白粉	適量

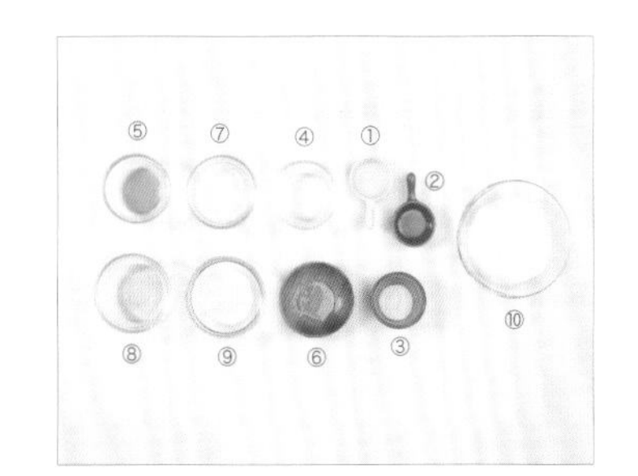

STEP BY STEP 步驟

糖漿製作

01 將烤箱預熱至上火60度、下火60度。

02 將飲用水a、濃縮柚子汁a、吉利丁粉混合後拌勻，蓋上保鮮膜，並放入已預熱好的烤箱中保溫，為吉利丁水，備用。

⇒ 因吉利丁粉須時間融化，建議提早20分鐘準備。

03 準備一空鍋，依序倒入飲用水b、濃縮柚子汁b、水麥芽、細砂糖a，搖勻後開火。

04 煮勻後，取出保溫的吉利丁水，倒入糖漿中，稍微搖勻，蓋上保鮮膜，並放入已預熱好的烤箱中保溫，為吉利丁糖漿，備用。

蛋白霜打發

05 準備一鋼盆，倒入蛋白，取電動攪拌機以中速打發。

06 打至大泡泡狀態後，加入½細砂糖b。

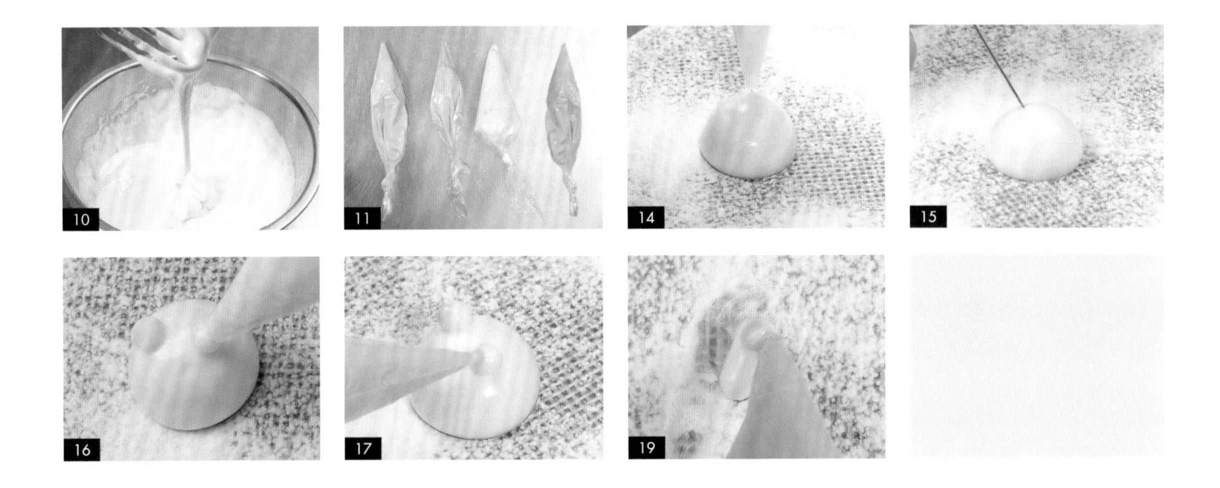

07 以中速打至蛋白呈現細緻狀態後，加入剩下的½細砂糖b。

08 以中速打發至蛋白不滴落的狀態，即完成蛋白霜打發。

❀ 棉花糖糊製作

09 取出保溫的吉利丁糖漿，並倒入蛋白霜中。

10 取電動攪拌機以中速打發至蛋白霜糖糊滴落，痕跡慢慢消失的狀態，即完成白色棉花糖糊。

⇒ 完成棉花糖糊後，須取熱水，將棉花糖糊隔水保溫。

11 將白色棉花糖糊分裝成四袋，並製作粉色、紅色、黃色棉花糖糊。

⇒ 可參考棉花糖糊調色 P.22。

12 將棉花糖糊放入已預熱好的烤箱中保溫，備用。

⇒ 製作好的棉花糖糊要盡快使用完，以免消泡。

❀ 喵喵造型棉花糖製作

13 取一個烤盤，並放上不沾黏烘焙墊後，以篩網為輔助撒上日式太白粉。

14 以粉色棉花糖糊擠出半圓球體，並靜置待稍微成型。

15 在半圓球體中再次擠入白色棉花糖糊，以加強立體感後，以針車鑽挑出氣泡，為身體。

16 以白色棉花糖糊在頭頂兩側擠出半圓球體，為耳朵。

17 以粉色棉花糖糊，在兩側耳朵上擠出圓形，為耳窩。

18 以白色棉花糖糊擠出橢圓體，為右前腳，備用。

19 以粉色棉花糖糊，在橢圓體一端擠出圓形，為貓掌。

20 以白色棉花糖糊擠出半圓球體，為身體。

21 以白色棉花糖糊在身體上方左側擠出半圓球體，為左前腳。

22 以粉色棉花糖糊在前腳上擠出圓形，為貓掌。

23 重複步驟21-22，共完成三隻腳。

24 以紅色棉花糖糊在身體上擠出圓弧線，為項圈。

25 以黃色棉花糖糊在項圈上擠出圓點，為鈴鐺。

26 如圖，身體製作完成。

27 製作竹炭水。

⇒ 可參考竹炭水調製P.22。

28 以橫剖的吸管沾取竹炭水，並點在頭部中間，形成圓弧形。

29 重複步驟28，形成ω形，為嘴巴。

30 以筷子沾取竹炭水，點在ω形的尖端，為鼻子。

31 以筷子沾取竹炭水，在鼻子兩側點出眼睛。

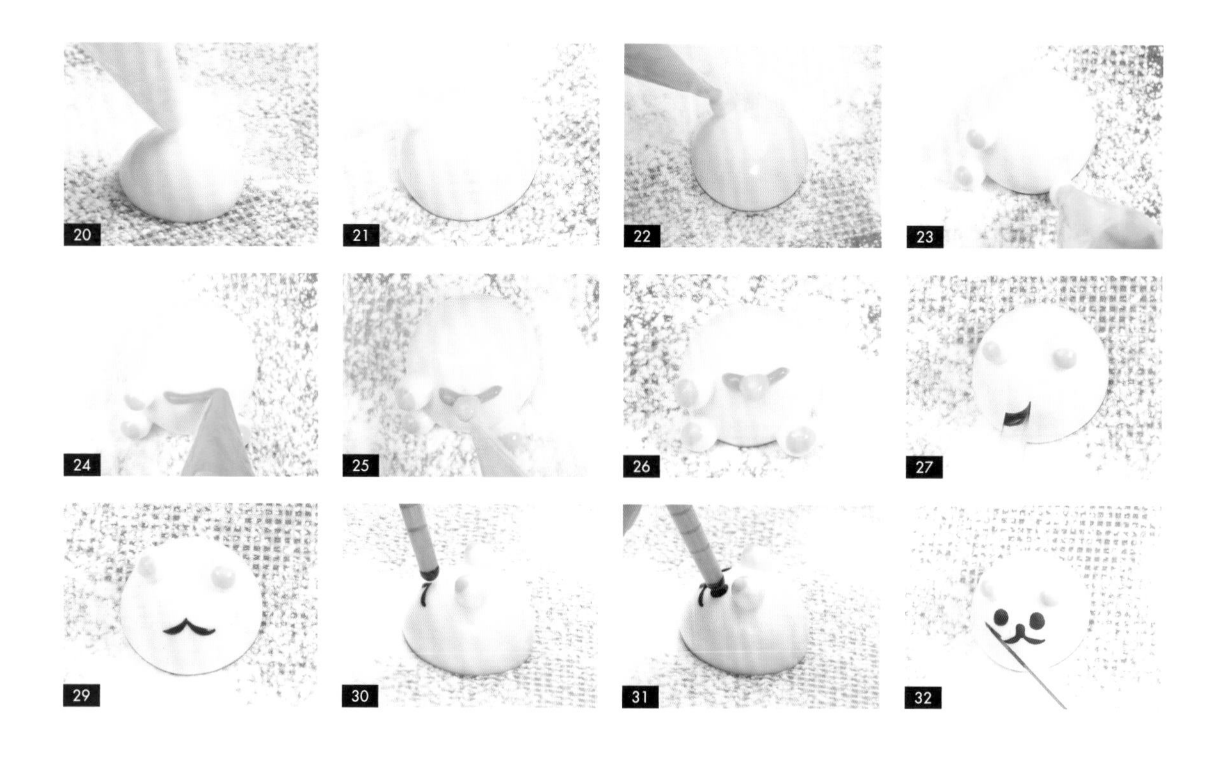

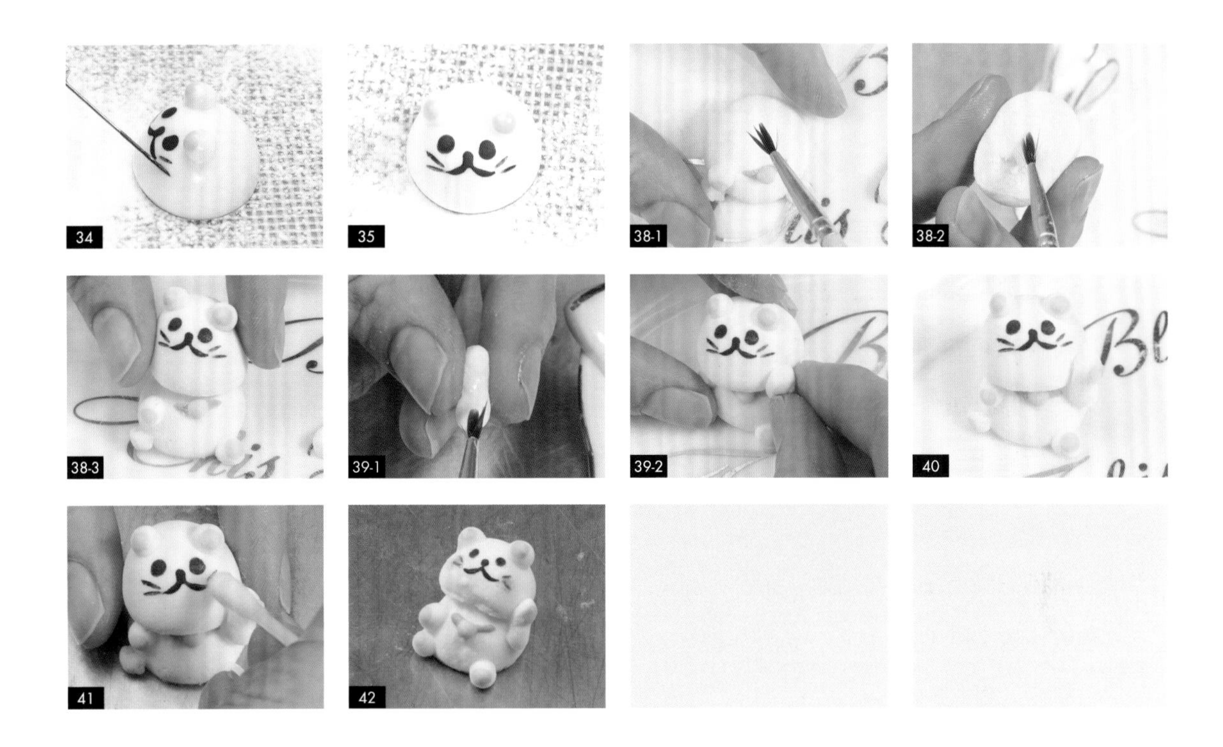

32 以針車鑽前端沾取竹炭水繪製往左上傾斜的短直線，為鬍鬚。

33 重複步驟32，完成左側鬍鬚。

34 重複步驟32-33，完成右側鬍鬚。

35 如圖，頭部完成。

36 靜置待凝固後，以篩網為輔助，將日式太白粉撒在棉花糖表面以防止沾黏，並以毛刷刷落多餘日式太白粉。

⇒ 須在用手輕觸棉花糖時，表面是不沾黏的狀態，才可撒粉。

37 以刮板將棉花糖從烤盤上取下。

38 取已沾水的水彩筆，塗抹頭部和身體的接合處後黏合。

39 取已沾水的水彩筆，塗抹身體和右前腳的接合處後黏合。

40 如圖，右前腳黏貼完成。

41 以棉花棒沾取紅色色粉點在兩側鬍鬚上，為腮紅。

42 如圖，喵喵造型棉花糖製作完成。

喵喵造型棉花糖
製作動態影片
QRcode

Mashmallow No.03

◆ 棉花糖製作

蛋黃哥中國風造型棉花糖

保存方式 冷凍密封保存14天；冷藏密封保存10天；常溫密封保存5天。

取出時機 待棉花糖不沾手即可用竹炭水畫表情；待竹炭水乾後即可撒粉取出。

INGREDIENTS 材料

① 橙酒 a	12cc	⑥ 細砂糖 a	25g
② 吉利丁粉	6g	⑦ 蛋白	35g
③ 飲用水	15cc	⑧ 細砂糖 b	30g
④ 橙酒 b	15cc	⑨ 日式太白粉	適量
⑤ 水麥芽	10g		

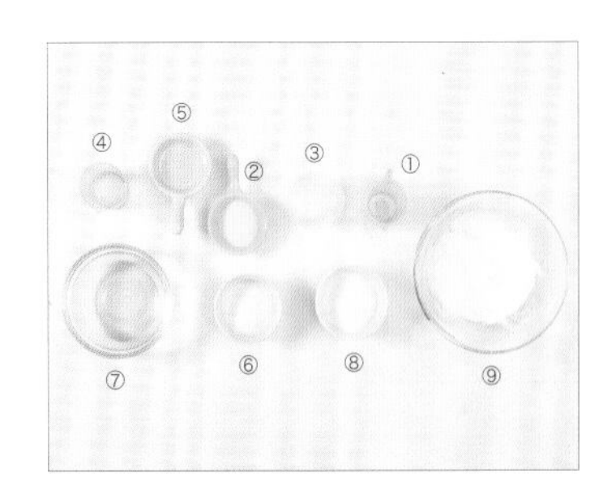

STEP BY STEP 步驟

❀ 糖漿製作

01 將烤箱預熱至上火60度、下火60度。

02 將橙酒a、吉利丁粉混合後拌勻，蓋上保鮮膜，並放入已預熱好的烤箱中保溫，為吉利丁酒，備用。

⇒ 因吉利丁粉須時間融化，建議提早20分鐘準備。

03 準備一空鍋，依序倒入飲用水、橙酒b、水麥芽、細砂糖a，搖勻後開火。

04 煮勻後，取出保溫的吉利丁酒，倒入糖漿中，稍微搖勻，蓋上保鮮膜，並放入已預熱好的烤箱中保溫，為吉利丁糖漿，備用。

❀ 蛋白霜打發

05 準備一鋼盆，倒入蛋白，取電動攪拌機以中速打發。

06 打至大泡泡狀態後，加入½細砂糖b。

02

04

05

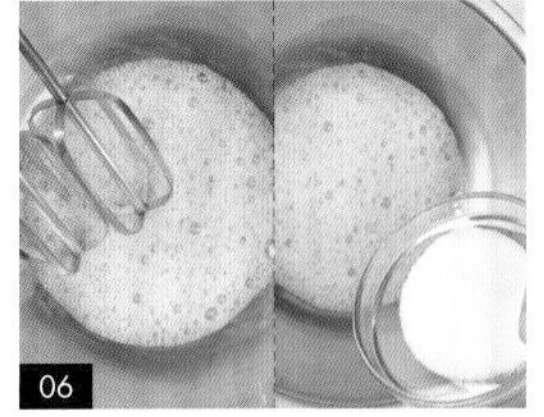
06

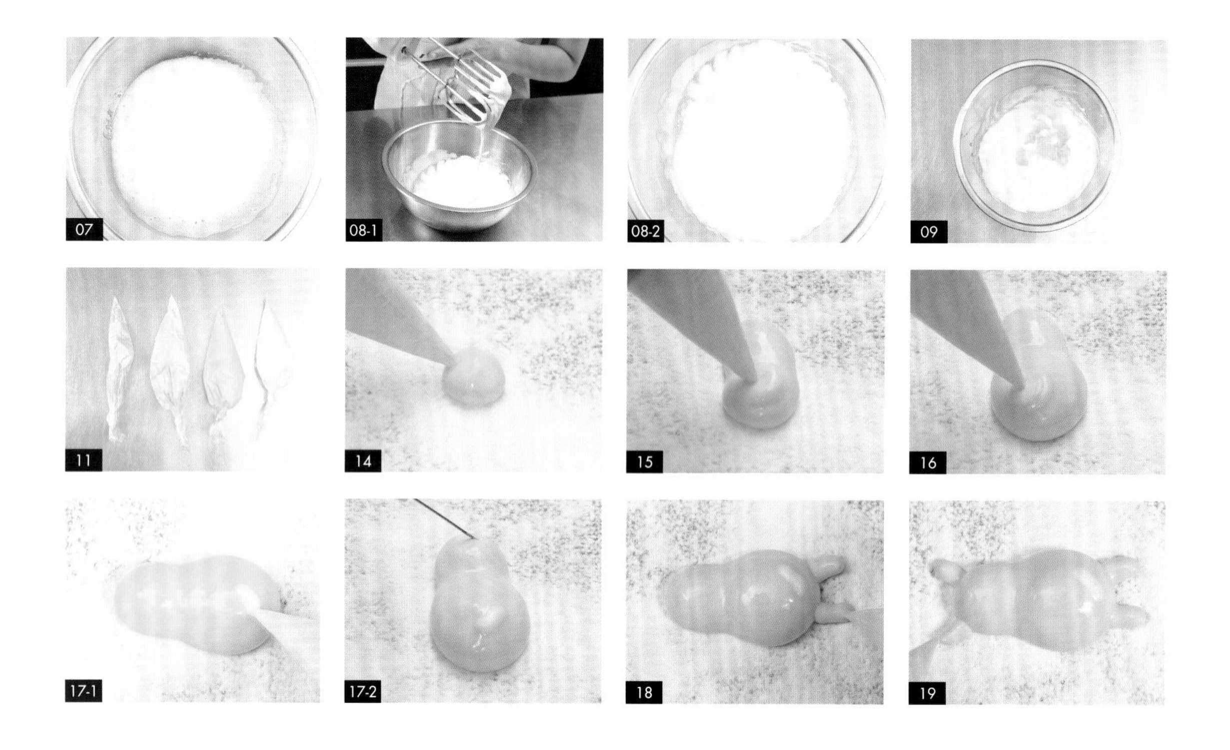

07 以中速打至蛋白呈現細緻狀態後，加入剩下的½細砂糖b。

08 以中速打發至蛋白不滴落的狀態，即完成蛋白霜打發。

❀ 棉花糖糊製作

09 取出保溫的吉利丁糖漿，並倒入蛋白霜中。

10 取電動攪拌機以中速打發至蛋白霜糖糊滴落，痕跡慢慢消失的狀態，即完成白色棉花糖糊。

⇒ 完成棉花糖糊後，須取熱水，將棉花糖糊隔水保溫。

11 將白色棉花糖糊分裝成四袋，並製作粉色、綠色、黃色棉花糖糊。

⇒ 可參考棉花糖糊調色P.22。

12 將棉花糖糊放入已預熱好的烤箱中保溫，備用。

⇒ 製作好的棉花糖糊要盡快使用完，以免消泡。

❀ 蛋黃哥中國風造型棉花糖製作

13 取一個烤盤，並放上不沾黏烘焙墊後，以篩網為輔助撒上日式太白粉。

14 以黃色棉花糖糊擠出半圓球體，為頭部。

15 以黃色棉花糖糊在頭部後方擠出半圓球體，為臀部。

16 在臀部再次擠入黃色棉花糖糊，以增強立體感。

17 以白色棉花糖糊在臀部上擠出圓弧線後，以針車鑽挑出氣泡，為臀部反光。

18 在臀部兩側擠出橢圓體，為雙腳。

19 重複步驟18，在身體兩側擠出橢圓體，為雙手。

20 以粉色棉花糖糊在頭部右上側擠出半圓球體，為帽子。

21 以綠色棉花糖糊在半圓球體邊緣擠出一條圓弧線，為帽緣。

22 以黃色棉花糖糊在半圓球體頂端擠出圓點。

23 製作竹炭水。

⇒ 可參考竹炭水調製P.22。

24 以橫剖的吸管沾取竹炭水，並點在頭部中間，形成向下圓弧形。

25 重複步驟24，以橫剖的吸管沾取竹炭水，並點在頭部中間，並在左側預留開口，形成向上圓弧形。

26 重複步驟25，以吸管沾竹炭水點在開口預留處，為嘴巴。

27 以針車鑽沾取竹炭水，並點在嘴巴上方兩側，為眼睛。

28 靜置待凝固後，以篩網為輔助，將日式太白粉撒在棉花糖表面以防止沾黏，並以毛刷刷落多餘日式太白粉。

⇒ 須在用手輕觸棉花糖時，表面是不沾黏的狀態，才可撒粉。

29 以刮板將棉花糖從烤盤上取下。

30 如圖，蛋黃哥中國風造型棉花糖製作完成。

蛋黃哥中國風造型棉花糖製作動態影片 QRcode

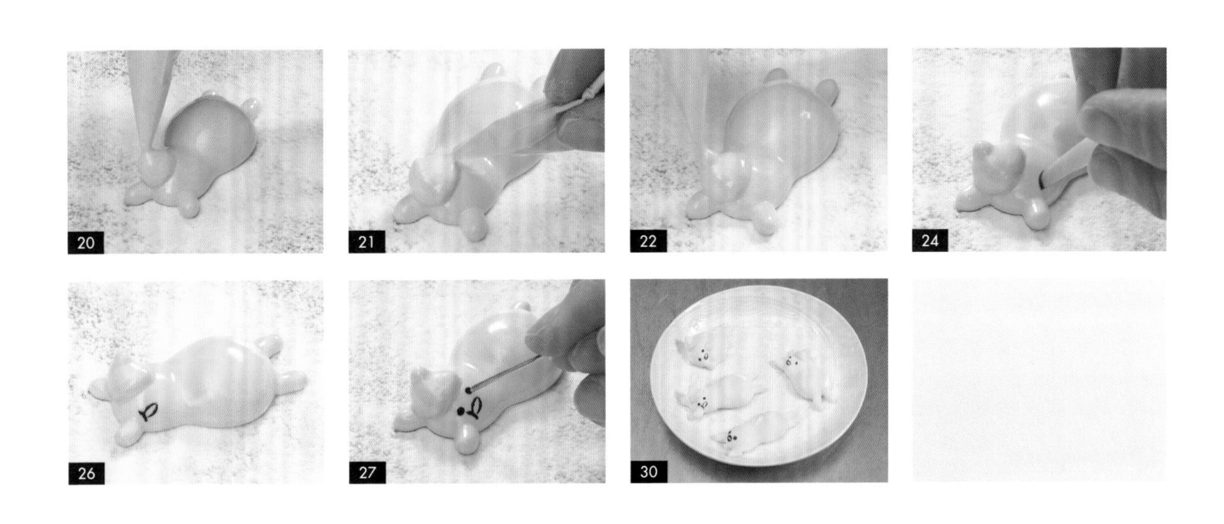

柴犬造型棉花糖

保存方式 冷凍密封保存14天；冷藏密封保存10天；常溫密封保存5天。

取出時機 待棉花糖不沾手即可用竹炭水畫表情；待竹炭水乾後即可撒粉取出。

INGREDIENTS 材料

① 哈密瓜糖漿 a	6cc	⑦ 細砂糖 a	25g
② 飲用水 a	6cc	⑧ 蛋白	35g
③ 吉利丁粉	6g	⑨ 細砂糖 b	30g
④ 飲用水 b	15cc	⑩ 日式太白粉	適量
⑤ 哈密瓜糖漿 b	15cc	⑪ 草莓巧克力	適量
⑥ 水麥芽	10g		

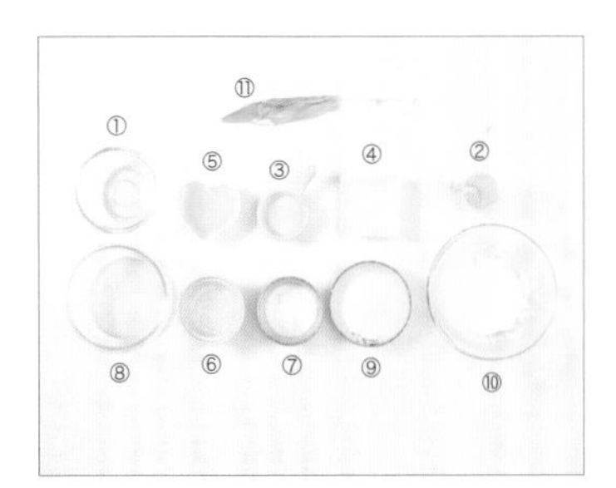

STEP BY STEP 步驟

❀ 糖漿製作

01 將烤箱預熱至上火60度、下火60度。

02 將哈密瓜糖漿a、飲用水a、吉利丁粉混合後拌勻，蓋上保鮮膜，並放入已預熱好的烤箱中保溫，為吉利丁水，備用。

⇒ 因吉利丁粉須時間融化，建議提早20分鐘準備。

03 準備一空鍋，依序倒入飲用水b、哈密瓜糖漿b、水麥芽、細砂糖a，搖勻後開火。

04 煮勻後，取出保溫的吉利丁水，倒入糖漿中，稍微搖勻，蓋上保鮮膜，並放入已預熱好的烤箱中保溫，為吉利丁糖漿，備用。

❀ 蛋白霜打發

05 準備一鋼盆，倒入蛋白，取電動攪拌機以中速打發。

06 打至大泡泡狀態後，加入½細砂糖b。

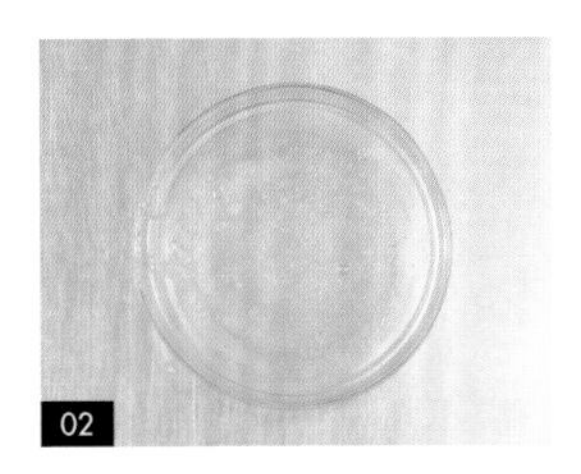
02

04

05

06

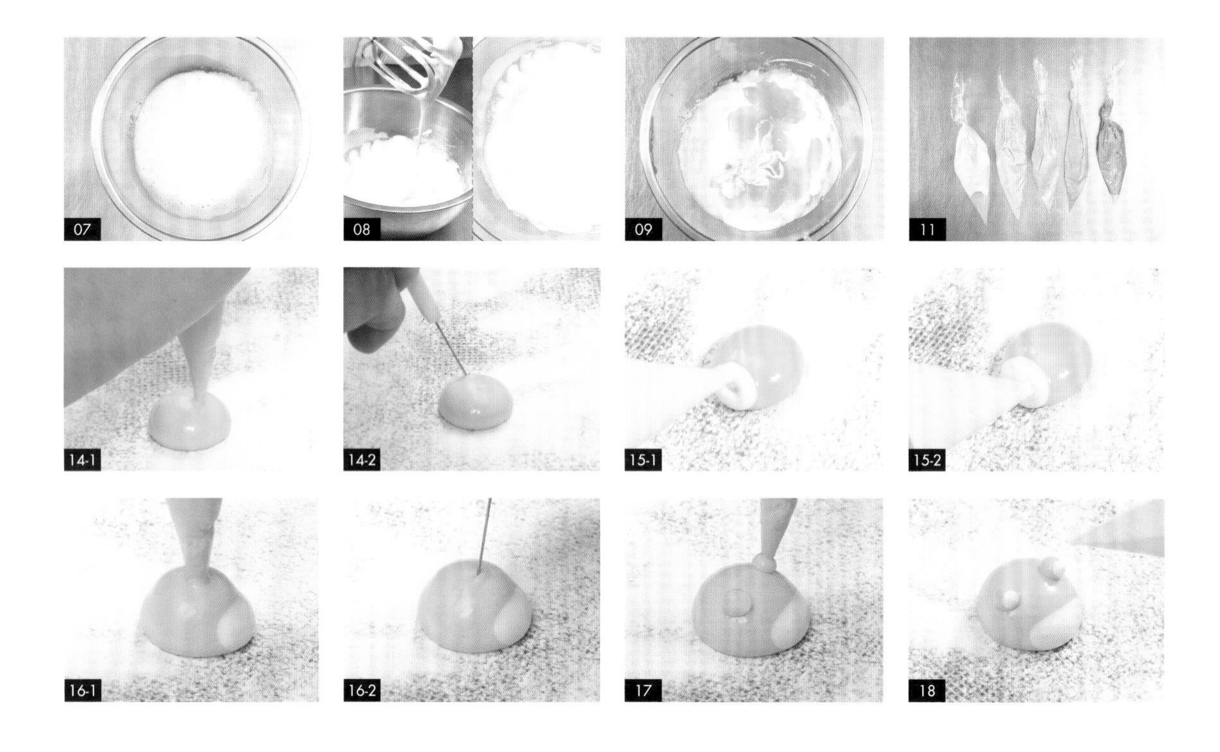

07 以中速打至蛋白呈現細緻狀態後，加入剩下的½細砂糖b。

08 以中速打發至蛋白不滴落的狀態，即完成蛋白霜打發。

棉花糖糊製作

09 取出保溫的吉利丁糖漿，並倒入蛋白霜中。

10 取電動攪拌機以中速打發至蛋白霜糖糊滴落，痕跡慢慢消失的狀態，即完成白色棉花糖糊。

⇒ 完成棉花糖糊後，須取熱水，將棉花糖糊隔水保溫。

11 將白色棉花糖糊分裝成五袋，並製作綠色、粉色、黃色、灰色棉花糖糊。

⇒ 可參考棉花糖糊調色 P.22。

12 將棉花糖糊放入已預熱好的烤箱中保溫，備用。

⇒ 製作好的棉花糖糊要盡快使用完，以免消泡。

❀ 柴犬棉花糖造型1製作

13 取一個烤盤，並放上不沾黏烘焙墊後，以篩網為輔助撒上日式太白粉。

14 以黃色棉花糖糊擠出半圓球體後，以針車鑽挑出氣泡。

15 以白色棉花糖糊在半圓球體前方擠上橢圓形後，以針車鑽挑出氣泡，為吻部。

16 在半圓球體中再次擠入黃色棉花糖糊後，以針車鑽挑出氣泡，以加強立體感。

17 以黃色棉花糖糊在頭頂兩側出半圓球體，為耳朵。

18 以白色棉花糖糊在兩側耳朵上擠出圓形，為耳窩，並靜置待稍微凝固。

19 製作竹炭水。

⇒ 可參考竹炭水調製P.22。

20 以針車鑽前端沾取竹炭水繪製往右上傾斜的短直線。

21 重複步驟20，形成倒V形，為嘴巴。

22 以筷子沾取竹炭水，點在倒V形的尖端，為鼻子。

23 以筷子沾取竹炭水，在鼻子兩側點出眼睛。

⇒ 也可以針車鑽前端沾取竹炭水繪製短橫線，為瞇瞇眼。

24 如圖，頭部完成。

25 重複步驟14-16，完成身體。

26 以黃色棉花糖糊在身體下方兩側擠出橢圓體，為後腳。

27 重複步驟26，在吻部上方擠出兩個橢圓體，為前腳。

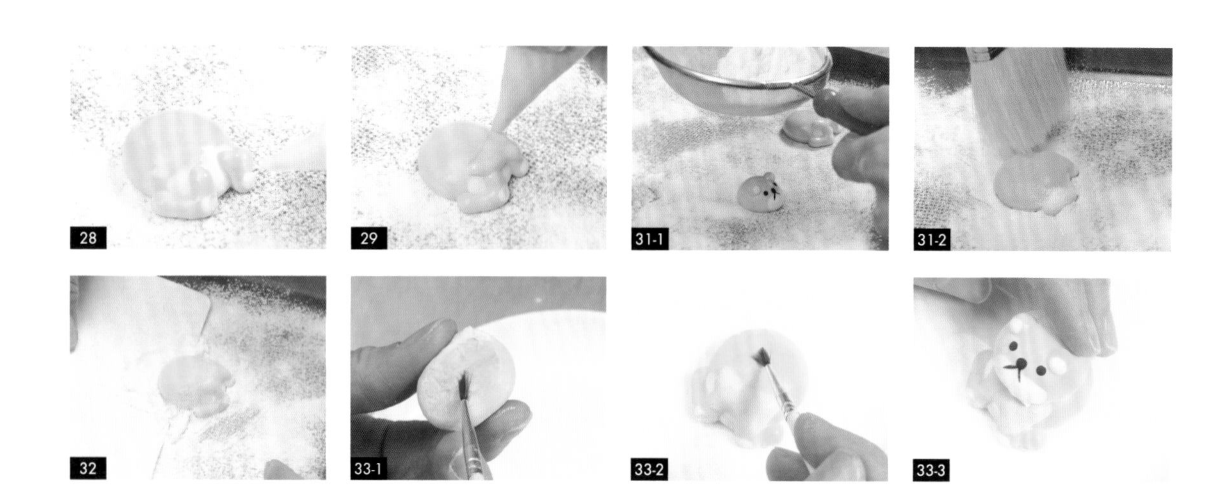

28 以白色棉花糖糊在雙腳重疊處，擠出圓形，為腳掌。

29 以綠色棉花糖糊在前腳上方擠出三角形，為圍巾。

30 如圖，身體完成。

31 靜置待凝固後，以篩網為輔助，將日式太白粉撒在棉花糖表面以防止沾黏，並以毛刷刷落多餘日式太白粉。

⇒ 須在用手輕觸棉花糖時，表面是不沾黏的狀態，才可撒粉。

32 以刮板將棉花糖從烤盤上取下。

33 取已沾水的水彩筆，塗抹頭部和身體的接合處後黏合。

34 以棉花棒沾取紅色色粉，點在頭部兩側，為腮紅。

35 以草莓巧克力在嘴巴下方擠出一點，為舌頭。

36 如圖，柴犬棉花糖造型1製作完成。

柴犬棉花糖造型 2 製作

37 以灰色棉花糖糊擠出半圓球體後，以針車鑽挑出氣泡。

38 以白色棉花糖糊在半圓球體前方擠上橢圓形後，以針車鑽挑出氣泡，為吻部。

39 在半圓球體中再次擠入灰色棉花糖糊後，以針車鑽挑出氣泡，以加強立體感。

40 以灰色棉花糖糊在頭頂兩側擠出半圓球體，為耳朵。

41 以白色棉花糖糊在兩側耳朵上擠出圓形，為耳窩，並靜置待稍微凝固。

42 製作竹炭水。

⇒ 可參考竹炭水調製P.22。

43 以針車鑽前端沾取竹炭水繪製往右上傾斜的短直線。

44 重複步驟43，形成倒V形，為嘴巴。

45 以筷子沾取竹炭水，點在倒V形的尖端，為鼻子。

46 以筷子沾取竹炭水，在鼻子兩側點出眼睛。

⇒ 也可以針車鑽前端沾取竹炭水繪製短橫線，為瞇瞇眼。

47 如圖，頭部完成。

48 重複步驟37-39，完成身體。

49 以灰色棉花糖糊在身體下方兩側擠出橢圓體，為後腳。

50 重複步驟49，在吻部上方擠出兩個橢圓體，為前腳。

51 以白色棉花糖糊在雙腳重疊處，擠出圓形，為腳掌。

52 以粉紅色棉花糖糊在前腳上方擠出三角形，為圍巾。

53 如圖，身體完成。

54 靜置待凝固後，以篩網為輔助，將日式太白粉撒在棉花糖表面以防止沾黏，並以毛刷刷落多餘日式太白粉。

⇒ 須在用手輕觸棉花糖時，表面是不沾黏的狀態，才可撒粉。

55 以刮板將棉花糖從烤盤上取下。

56 取已沾水的水彩筆，塗抹頭部和身體的接合處後黏合。

57 以草莓巧克力在嘴巴下方擠出一點，為舌頭。

58 如圖，柴犬棉花糖造型2製作完成。

棉花糖基底糊製作動態影片QRcode

造型 1 製作動態影片 QRcode

造型 2 製作動態影片 QRcode

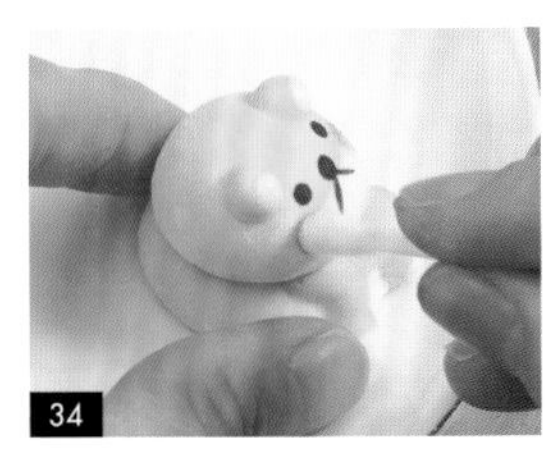

34

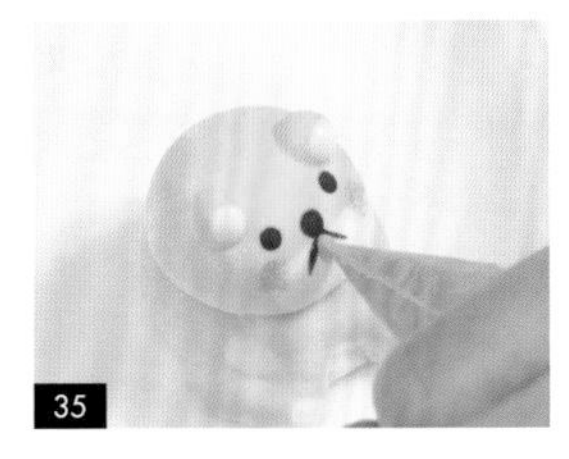

35

36

41

47

48

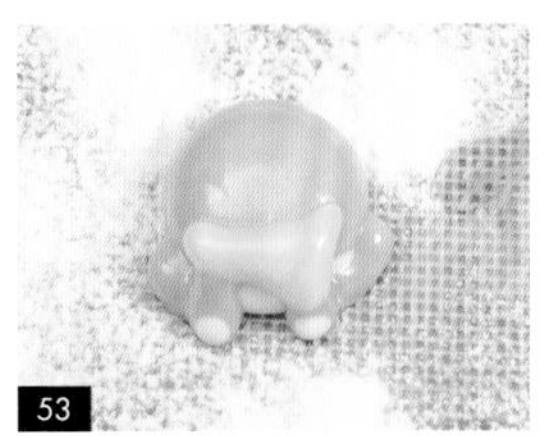

53

58

Mashmallow No.05

◆ 棉花糖製作

海獺造型棉花糖

保存方式 冷凍密封保存14天；冷藏密封保存10天；常溫密封保存5天。

取出時機 待棉花糖不沾手即可用竹炭水畫表情；待竹炭水乾後即可撒粉取出。

INGREDIENTS 材料

① 覆盆子酒 a	12cc	⑥ 細砂糖 a	25g
② 吉利丁粉	6g	⑦ 蛋白	35g
③ 飲用水	6cc	⑧ 細砂糖 b	30g
④ 覆盆子酒 b	15cc	⑨ 日式太白粉	適量
⑤ 水麥芽	10g	⑩ 苦甜巧克力	適量

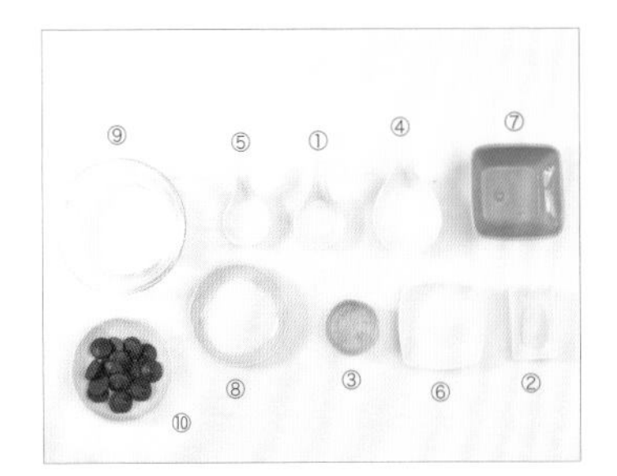

STEP BY STEP 步驟

❀ 糖漿製作

01 將烤箱預熱至上火60度、下火60度。

02 將覆盆子酒a、吉利丁粉混合後拌勻，蓋上保鮮膜，並放入已預熱好的烤箱中保溫，為吉利丁酒，備用。

⇒ 因吉利丁粉須時間融化，建議提早20分鐘準備。

03 準備一空鍋，依序倒入飲用水、覆盆子酒b、水麥芽、細砂糖a，搖勻後開火。

04 煮勻後，取出保溫的吉利丁酒，倒入糖漿中，稍微搖勻，蓋上保鮮膜，並放入已預熱好的烤箱中保溫，為吉利丁糖漿，備用。

❀ 蛋白霜打發

05 準備一鋼盆，倒入蛋白，取電動攪拌機以中速打發。

06 打至大泡泡狀態後，加入½細砂糖b。

07 以中速打至蛋白呈現細緻狀態後，加入剩下的½細砂糖b。

08 以中速打發至蛋白不滴落的狀態，即完成蛋白霜打發。

❀ 棉花糖糊製作

09 取出保溫的吉利丁糖漿，並倒入蛋白霜中。

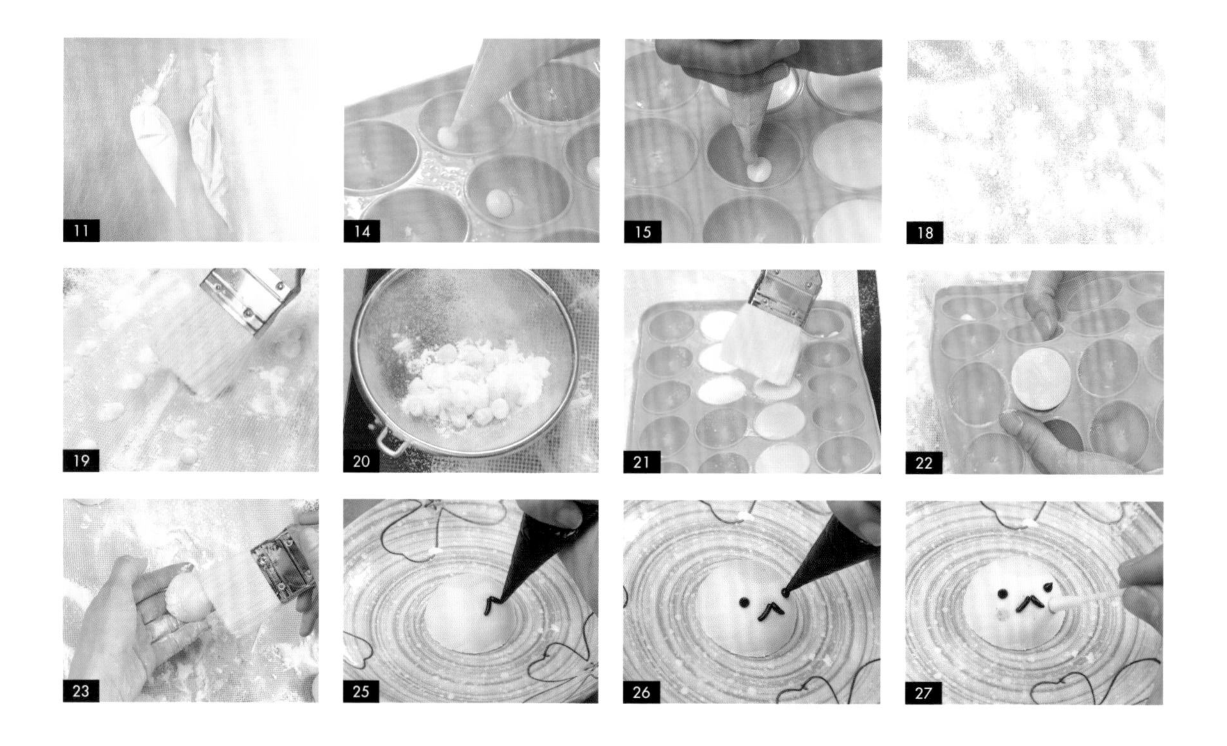

10 取電動攪拌機以中速打發至蛋白霜糖糊滴落，痕跡慢慢消失的狀態，即完成白色棉花糖糊。

⇒ 完成棉花糖糊後，須取熱水，將棉花糖糊隔水保溫。

11 將白色棉花糖糊分裝成三袋，並製作藍色、黃色棉花糖糊。

⇒ 可參考棉花糖糊調色 P.22。

12 將棉花糖糊放入已預熱好的烤箱中保溫，備用。

⇒ 製作好的棉花糖糊要盡快使用完，以免消泡。

❀ 海獺造型棉花糖製作（以下示範造型 3，其餘造型請參考動態影片 QRcode 製作）

13 在半圓形模具上噴烤盤油，以防止沾黏。

14 以藍色、白色棉花糖糊在半圓形模具上擠出小點，待稍微凝固後，即完成海獺吻部。

15 以白色、藍色、黃色棉花糖糊擠入半圓形模具中並填滿，靜置凝固後，即完成海獺頭部。

16 取一個烤盤，並放上不沾黏烘焙墊後，以篩網為輔助撒上日式太白粉。

17 以白色棉花糖糊擠出圓點。

18 重複步驟17，以藍色、黃色棉花糖糊依序擠出圓點，並靜置凝固。

19 以毛刷將日式太白粉刷在模具內的棉花糖表面，以防止沾黏。

20 將圓點和日式太白粉放入篩網中，並篩除多餘的太白粉。

21 重複步驟19，取半圓形模具，以毛刷將太白粉刷在棉花糖平面上。

22 將棉花糖脫模至烤盤上。

23 重複步驟21，以毛刷將太白粉刷在棉花糖弧面。

24 將苦甜巧克力隔水融化後，裝入三明治袋中，為巧克力醬。

25 任取一個海獺頭部，以巧克力醬在吻部擠出倒V形，為嘴巴。

26 以巧克力醬在頭部兩側擠出圓點，為眼睛。

27 以棉花棒沾取紅色色粉點在吻部兩側，為腮紅。

28 以巧克力醬在左側腮紅上擠出兩條短直線。

29 重複步驟28，在右側腮紅上擠出兩條短直線，為鬍鬚。

30 以巧克力醬在倒V形的尖端擠出圓點，為鼻子。

31 取已沾水的水彩筆，塗抹在頭部與圓點棉花糖的接合處後黏合，為前腳，即完成海獺造型棉花糖。

棉花糖基底糊製作動態影片QRcode

造型 1 製作動態影片 QRcode

造型 2 製作動態影片 QRcode

28

29

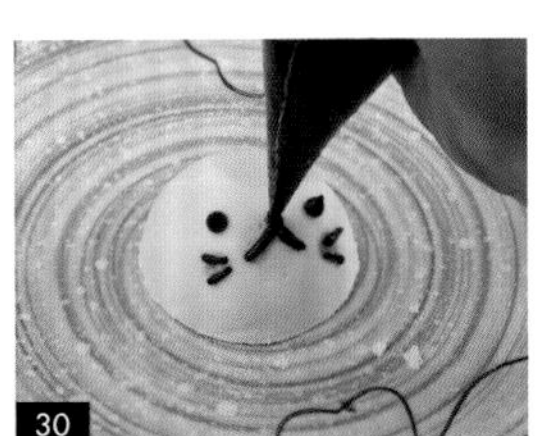
30

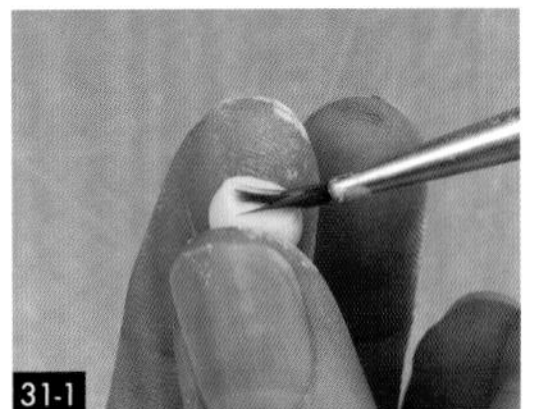
31-1

31-2

31-3

Mashmallow No.06

◆ 棉花糖製作

維尼造型棉花糖

保存方式 冷凍密封保存14天；冷藏密封保存10天；常溫密封保存5天。

取出時機 待棉花糖不沾手即可用竹炭水畫表情；待竹炭水乾後即可撒粉取出。

INGREDIENTS 材料

① 蘭姆酒 a	12cc	⑥ 細砂糖 a	25g
② 吉利丁粉	6g	⑦ 蛋白	35g
③ 飲用水	15cc	⑧ 細砂糖 b	30g
④ 蘭姆酒 b	15cc	⑨ 日式太白粉	適量
⑤ 水麥芽	10g		

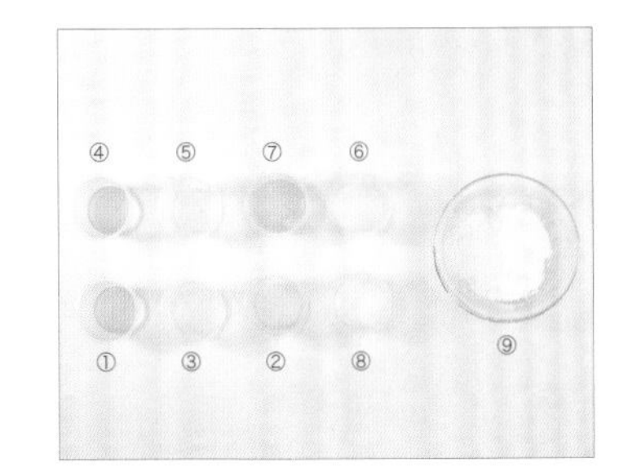

STEP BY STEP 步驟

❀ 糖漿製作

01 將烤箱預熱至上火60度、下火60度。

02 將蘭姆酒a、吉利丁粉混合後拌勻，蓋上保鮮膜，並放入已預熱好的烤箱中保溫，為吉利丁酒，備用。

⇒ 因吉利丁粉須時間融化，建議提早20分鐘準備。

03 準備一空鍋，依序倒入飲用水、蘭姆酒b、水麥芽、細砂糖a，搖勻後開火。

04 煮勻後，取出保溫的吉利丁酒，倒入糖漿中，稍微搖勻，蓋上保鮮膜，並放入已預熱好的烤箱中保溫，為吉利丁糖漿，備用。

❀ 蛋白霜打發

05 準備一鋼盆，倒入蛋白，取電動攪拌機以中速打發。

06 打至大泡泡狀態後，加入½細砂糖b。

07 以中速打至蛋白呈現細緻狀態後，加入剩下的½細砂糖b。

08 以中速打發至蛋白不滴落的狀態，即完成蛋白霜打發。

❀ 棉花糖糊製作

09 取出保溫的吉利丁糖漿，並倒入蛋白霜中。

02 07

04

05

06

08-1

08-2

09

10 取電動攪拌機以中速打發至蛋白霜糖糊滴落，痕跡慢慢消失的狀態，即完成白色棉花糖糊。

⇒ 完成棉花糖糊後，須取熱水，將棉花糖糊隔水保溫。

11 將白色棉花糖糊分裝成兩袋，並製作粉色、黃色棉花糖糊。

⇒ 可參考棉花糖糊調色 P.22。

12 將棉花糖糊放入已預熱好的烤箱中保溫，備用。

⇒ 製作好的棉花糖糊要盡快使用完，以免消泡。

❀ 維尼造型棉花糖製作

13 取一個烤盤，並放上不沾黏烘焙墊後，以篩網為輔助撒上日式太白粉。

14 以粉色棉花糖糊擠出半圓球體後，以針車鑽挑出氣泡，為身體。

15 以黃色棉花糖糊在粉色棉花糖糊上以繞圈方式擠出圓形，為衣服。

16 以黃色棉花糖糊在衣服兩側擠出橢圓形，為衣袖。

17 以粉色棉花糖糊在身體下方兩側擠出半圓球體，為雙腳。

18 以粉色棉花糖糊在衣袖兩端擠出半圓球體，為雙手。

19 如圖，身體完成。

20 以粉色棉花糖糊擠出半圓球體，為頭部。

21 以粉色棉花糖糊在頭頂兩側擠出半圓球體，為耳朵。

22 製作竹炭水。

⇒ 可參考竹炭水調製 P.22。

23 以針車鑽前端沾取竹炭水繪製往右上傾斜的短直線，為眉毛。

24 重複步驟23，完成右側眉毛。

25 以筷子沾取竹炭水，在兩側眉毛下方點出圓點，為眼睛。

26 以針車鑽沾取竹炭水繪製短橫線，為鼻紋。

27 以筷子沾取竹炭水，在鼻子下方點出圓點，為鼻子。

28 靜置待凝固後，以篩網為輔助，將日式太白粉撒在棉花糖表面，以防止沾黏後，以刮板將棉花糖從烤盤上取下。

⇒ 須在用手輕觸棉花糖時，表面是不沾黏的狀態，才可撒粉。

29 取毛刷，將棉花糖表面多餘的日式太白粉刷落。

30 取已沾水的水彩筆，塗抹頭部和身體的接合處後黏合。

31 如圖，維尼造型棉花糖製作完成。

維尼造型棉花糖
製作動態影片
QRcode

25

26

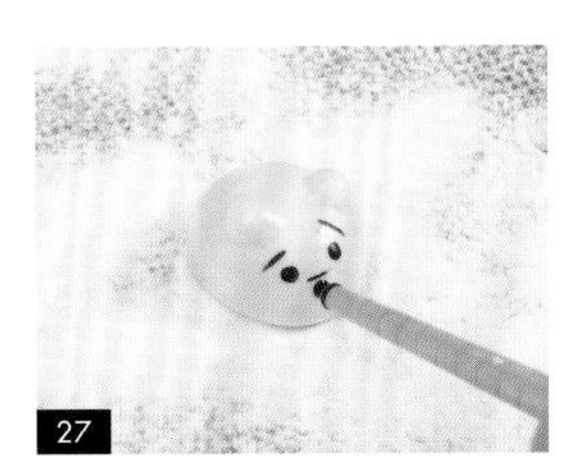

27

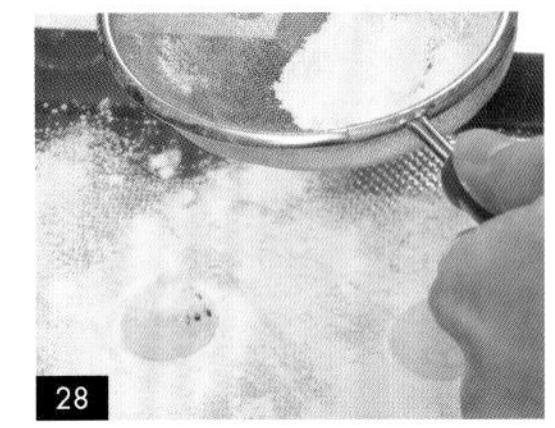

28

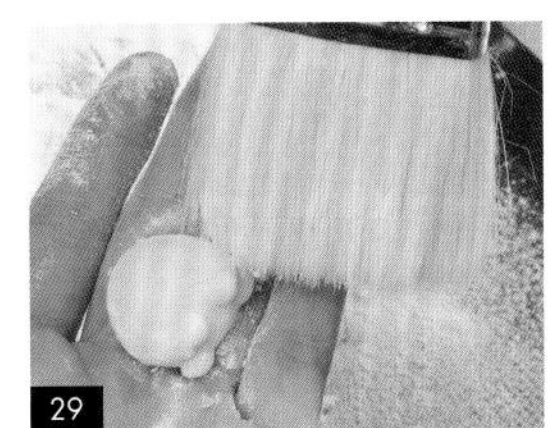

29

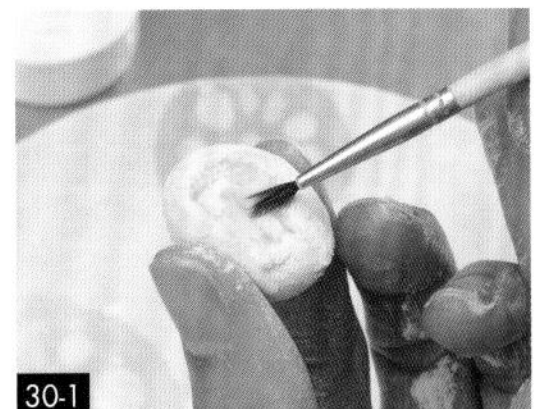

30-1

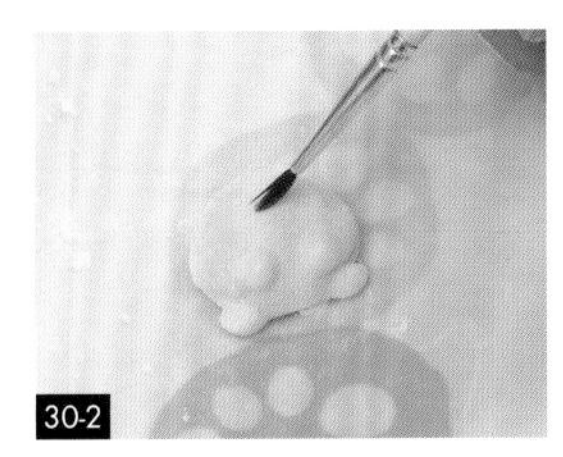

30-2

31

Mashmallow No.07

◆ 棉花糖製作

麋鹿造型棉花糖

保存方式 冷凍密封保存14天；冷藏密封保存10天；常溫密封保存5天。

取出時機 待棉花糖不沾手即可用竹炭水畫表情；待竹炭水乾後即可撒粉取出。

INGREDIENTS 材料

① 懶熊棉花糖造型 1（可參考懶熊造型棉花糖 P.24-27。）

② 苦甜巧克力 適量

STEP BY STEP 步驟

❀ 麋鹿造型棉花糖製作

01 將苦甜巧克力隔水融化後，裝入三明治袋中，為巧克力醬。

02 以巧克力醬在烘焙紙上擠出短斜線。

03 以巧克力醬在烘焙紙上擠出長斜線，形成Y字形，為鹿角。

04 重複步驟2-3，完成第二個鹿角後，靜置凝固。

05 如圖，鹿角完成。

06 將鹿角從烘焙紙上剝離。

07 在懶熊棉花糖造型1頭部上方插入鹿角。

08 重複步驟7，插入鹿角。

09 如圖，即完成麋鹿造型棉花糖製作。

麋鹿造型棉花糖製作動態影片 QRcode

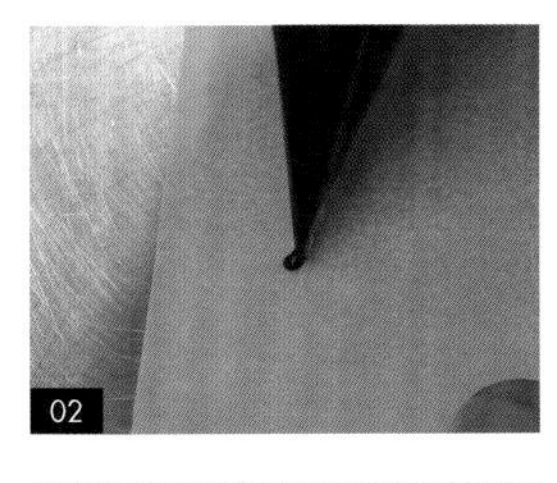

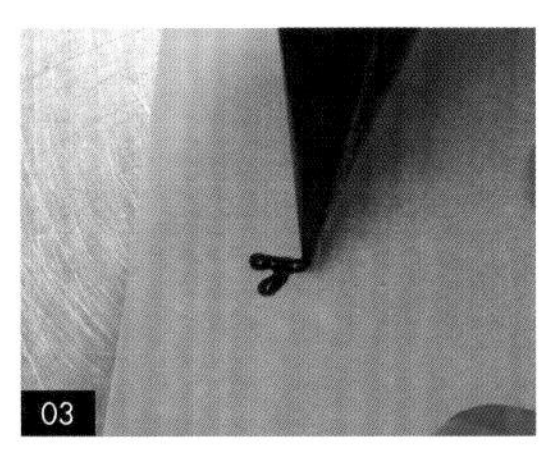

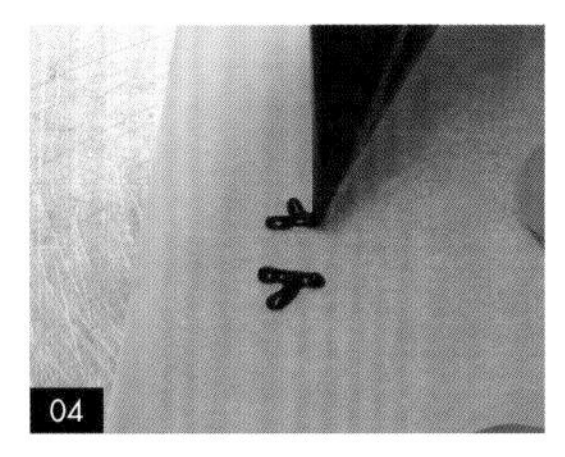

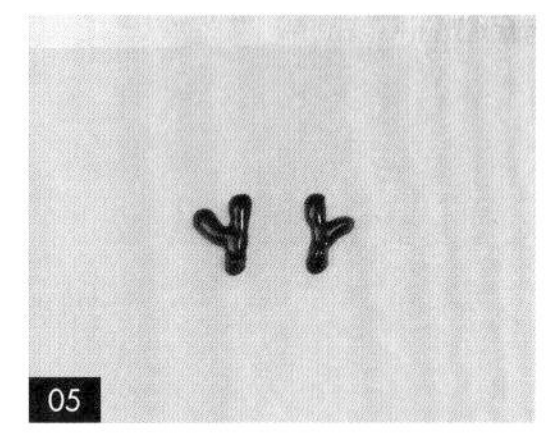

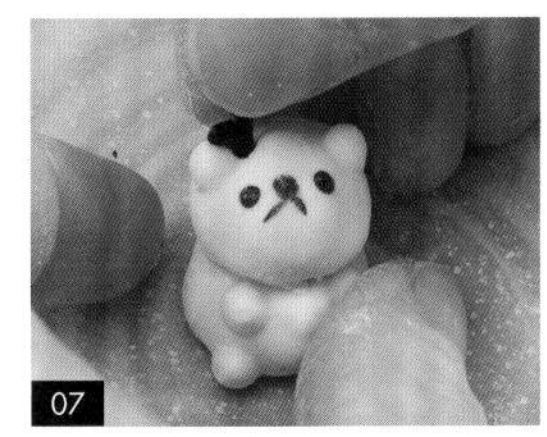

Mashmallow No.08

◆ 棉花糖製作

小豬仔造型棉花糖

保存方式 冷凍密封保存14天；冷藏密封保存10天；常溫密封保存5天。

取出時機 待棉花糖不沾手即可用竹炭水畫表情；待竹炭水乾後即可撒粉取出。

INGREDIENTS 材料

① 玫瑰糖醬 a	12cc	⑥ 水麥芽	10g
② 飲用水 a	6cc	⑦ 細砂糖 a	25g
③ 吉利丁粉	6g	⑧ 蛋白	35g
④ 飲用水 b	15cc	⑨ 細砂糖 b	30g
⑤ 玫瑰糖醬 b	15cc	⑩ 日式太白粉	適量

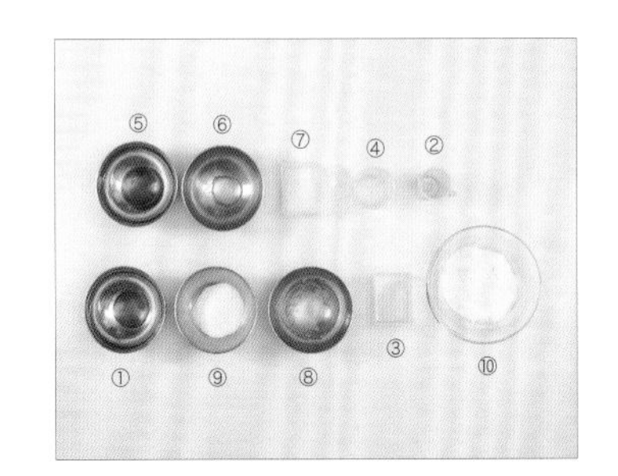

STEP BY STEP 步驟

❀ 糖漿製作

01 將烤箱預熱至上火60度、下火60度。

02 將玫瑰糖醬a、飲用水a、吉利丁粉混合後拌勻，蓋上保鮮膜，並放入已預熱好的烤箱中保溫，為吉利丁水，備用。

⇒ 因吉利丁粉須時間融化，建議提早20分鐘準備。

03 準備一空鍋，依序倒入飲用水b、玫瑰糖醬b、水麥芽、細砂糖a，搖勻後開火。

04 煮勻後，取出保溫的吉利丁水，倒入糖漿中，稍微搖勻，蓋上保鮮膜，並放入已預熱好的烤箱中保溫，為吉利丁糖漿，備用。

❀ 蛋白霜打發

05 準備一鋼盆，倒入蛋白，取電動攪拌機以中速打發。

06 打至大泡泡狀態後，加入½細砂糖b。

07 以中速打至蛋白呈現細緻狀態後，加入剩下的½細砂糖b。

08 以中速打發至蛋白不滴落的狀態，即完成蛋白霜打發。

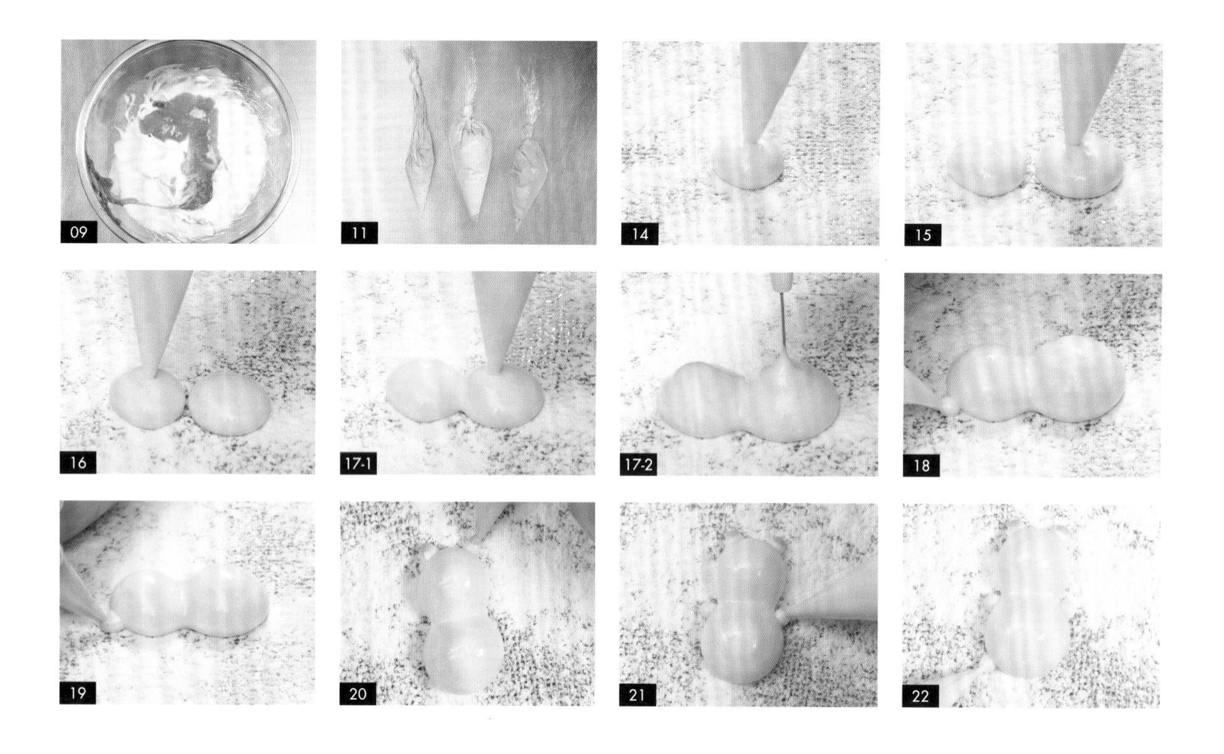

❀ 棉花糖糊製作

09 取出保溫的吉利丁糖漿，並倒入蛋白霜中。

10 取電動攪拌機以中速打發至蛋白霜糖糊滴落，痕跡慢慢消失的狀態，即完成粉色棉花糖糊。

⇒ 完成棉花糖糊後，須取熱水，將棉花糖糊隔水保溫。

11 將粉色棉花糖糊分裝成三袋，並製作膚色、深粉色棉花糖糊。

⇒ 可參考棉花糖糊調色 P.22。

12 將棉花糖糊放入已預熱好的烤箱中保溫，備用。

⇒ 製作好的棉花糖糊要盡快使用完，以免消泡。

❀ 小豬仔棉花糖造型 1 製作

13 取一個烤盤，並放上不沾黏烘焙墊後，以篩網為輔助撒上日式太白粉。

14 以粉色棉花糖糊擠出半圓球體，為頭部。

15 重複步驟 14，完成身體。

16 在頭部再次擠入粉色棉花糖糊，以加強立體感。

17 重複步驟 16，在身體再次擠入粉色棉花糖糊兩次，以加強身體立體感並使身體與頭部順勢結合後，以針車鑽挑出氣泡。

18 以粉色棉花糖糊在頭頂左側擠出半圓球體，為左耳。

19 以膚色棉花糖糊在左耳擠出圓形，為耳窩。

20 重複步驟 18-19，完成右耳。

21　以粉色棉花糖糊在身體兩側擠出半圓球體，為前腳。

22　以粉色棉花糖糊在身體下方左側擠出半圓球體，為左後腳。

23　以膚色棉花糖糊在左後腳擠出圓形，為豬蹄。

24　重複步驟22-23，完成右後腳。

25　以深粉色棉花糖糊在頭部擠出橢圓形，為豬鼻。

26　製作竹炭水。

⇒ 可參考竹炭水調製P.22。

27　以筷子沾取竹炭水，在鼻子上方兩側點出眼睛。

28　以針車鑽前端沾取竹炭水繪製兩條短直線，完成鼻孔。

29　靜置待凝固後，以篩網為輔助，將日式太白粉撒在棉花糖表面以防止沾黏，並以毛刷刷落多餘日式太白粉。

⇒ 須在用手輕觸棉花糖時，表面是不沾黏的狀態，才可撒粉。

30　以刮板將棉花糖從烤盤上取下。

31　用手將四肢分別捏成三角形。

32　如圖，小豬仔棉花糖造型1製作完成。

⇒ 其他造型請參考動態影片QRcode。

棉花糖基底糊製作動態影片QRcode

造型 1 停格動畫影片 QRcode

造型 2 製作動態影片 QRcode

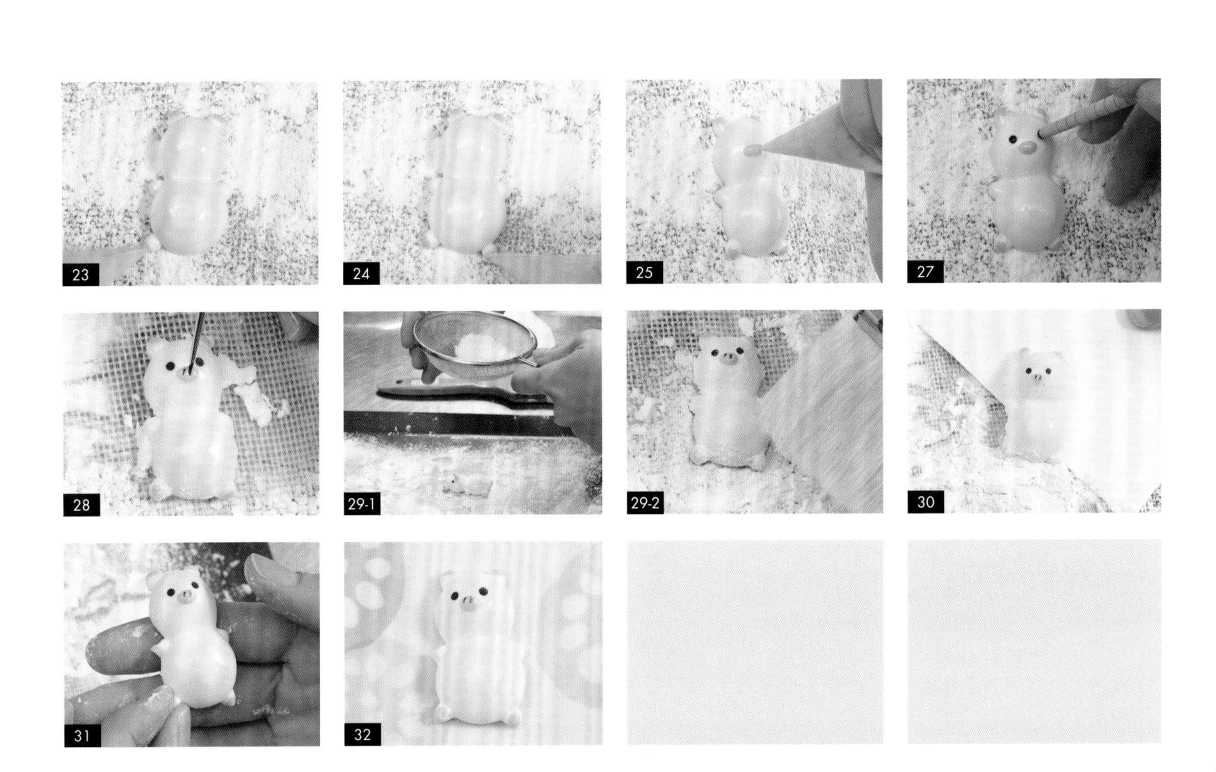

Soft Candy No.09

◆ 軟糖製作

黑糖珍珠軟糖

保存方式 冷藏密封保存7天。

取出時機 取出後可噴油或沾日式太白粉避免沾黏。

INGREDIENTS 材料

材料	份量	材料	份量
① 檸檬酸	1g	⑦ 水麥芽	150g
② 飲用水 a	1cc	⑧ 麥芽膏	100cc
③ 吉利丁粉	40g	⑨ 黑糖	200g
④ 飲用水 b	70cc	⑩ 鹽巴	3g
⑤ 飲用水 c	75cc	⑪ 日式太白粉	少許
⑥ 寒天粉	4g		

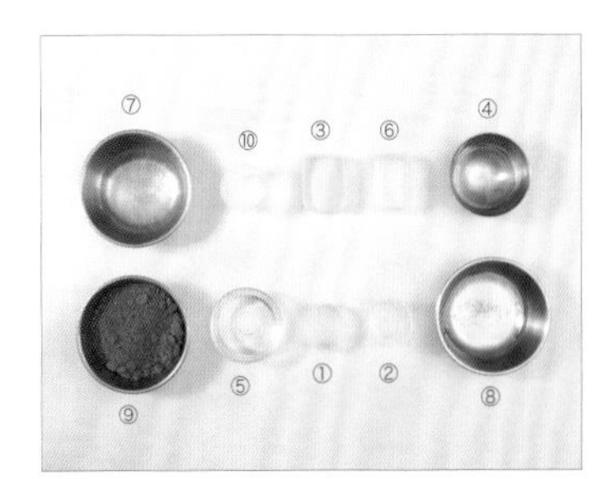

STEP BY STEP 步驟

前置作業

01 將烤箱預熱至上火60度、下火60度。

02 將飲用水a、檸檬酸混合後拌勻，蓋上保鮮膜，並放入已預熱好的烤箱中保溫，為檸檬水，備用。

03 將飲用水b、吉利丁粉混合後拌勻，蓋上保鮮膜，並放入已預熱好的烤箱中保溫，為吉利丁水，備用。

⇒ 因吉利丁粉須時間融化，建議提早20分鐘準備。

糖漿製作

04 準備一空鍋，依序倒入飲用水c、寒天粉後，以打蛋器拌勻後開火，並持續攪拌。

05 將寒天水煮至水滾後，再煮1分鐘，加入水麥芽，以打蛋器持續攪拌。

⇒ 勿停止攪拌。

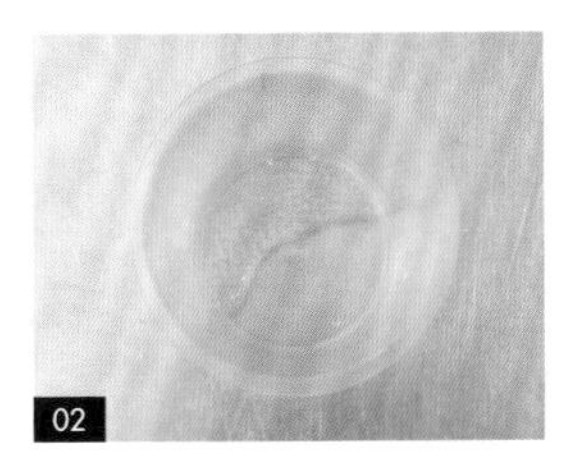

06 加入麥芽膏，並以打蛋器攪拌均勻。

07 加入½黑糖，再加入鹽巴，並以打蛋器攪拌均勻。

08 加入剩下的½黑糖，並以打蛋器攪拌均勻。

09 在鍋中放入探針，並持續攪拌，待溫度升至118度時關火，並靜置待溫度降至90度後，取出探針。

10 加入吉利丁水，並以打蛋器持續攪拌均勻。

11 加入檸檬水，並以打蛋器拌勻，即完成黑糖糖漿。

12 在圓形模具上噴烤盤油，後續會較好脫模。

組裝及脫模

13 將三明治袋套在杯子上，並以刮刀為輔助倒入黑糖糖漿。

14 將三明治袋尾端打結，並以剪刀在三明治袋尖端平剪。

15 將黑糖糖漿擠入圓形模具內，並將圓形模具放入冰箱冷凍庫中靜置待凝固後，取出。

16 將黑糖珍珠軟糖脫模至盤中。

⇒ 趁模具冰冷時脫模，較易取出軟糖。

17 撒上日式太白粉後，即可享用。

⇒ 若沒撒日式太白粉，須多噴一點烤盤油以避免沾黏。

黑糖珍珠軟糖製作動態影片QRcode

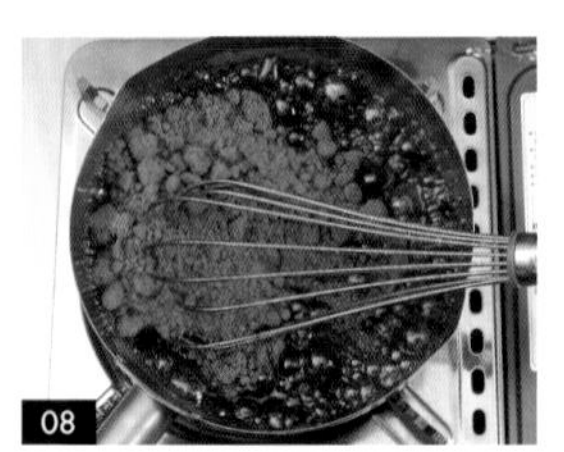

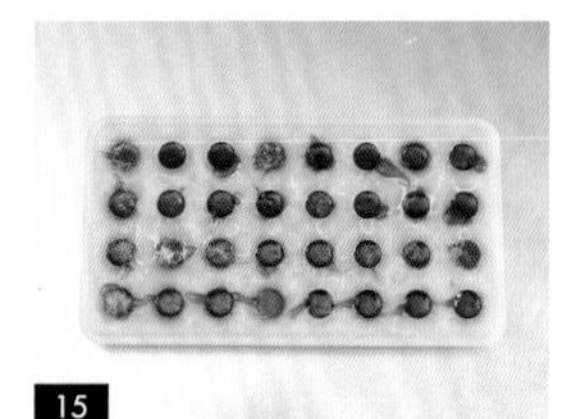

Soft Candy No.10

◆ 軟糖製作

櫻花珍珠軟糖

保存方式 常溫密封保存14天。

取出時機 取出後可噴油或沾日式太白粉避免沾黏。

INGREDIENTS 材料

① 鹽漬櫻花	8朵
② 檸檬酸	3g
③ 飲用水 a	3cc
④ 飲用水 b	70cc
⑤ 櫻花糖漿	35cc
⑥ 吉利丁粉	40g
⑦ 飲用水 c	75cc
⑧ 寒天粉	4g
⑨ 水麥芽	250g
⑩ 細砂糖	200g
⑪ 日式太白粉	少許

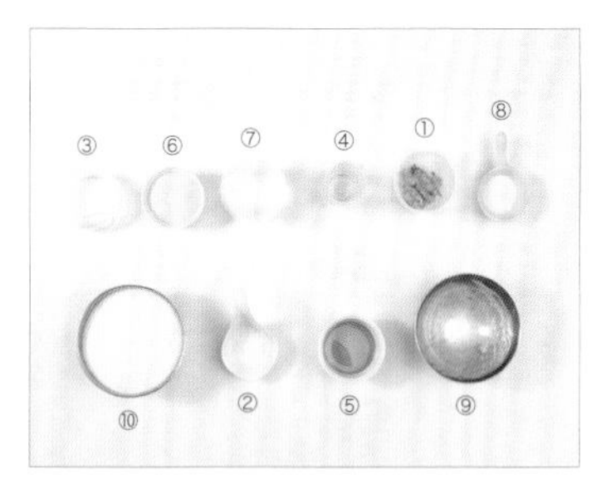

STEP BY STEP 步驟

前置作業

01 取一碗冰水，加入鹽漬櫻花，浸泡至少半小時。

02 取出鹽漬櫻花，放在紙巾上吸乾水分，備用。

03 將烤箱預熱至上火60度、下火60度。

04 將飲用水a、檸檬酸混合後拌勻，蓋上保鮮膜，並放入已預熱好的烤箱中保溫，為檸檬水，備用。

05 將吉利丁粉、櫻花糖漿、飲用水b混合後拌勻，蓋上保鮮膜，並放入已預熱好的烤箱中保溫，為吉利丁櫻花水，備用。

⇒ 因吉利丁粉須時間融化，建議提早20分鐘準備。

糖漿製作

06 準備一空鍋，依序倒入飲用水c、寒天粉後，以打蛋器拌勻後開火，並持續攪拌。

07 將寒天水煮至水滾後，再煮1分鐘，加入水麥芽，以打蛋器持續攪拌。

08 加入½細砂糖，並以打蛋器攪拌均勻。

09 加入剩下的½細砂糖，並以打蛋器攪拌均勻。

⇒ 若鍋內邊緣有燒焦情形，可以刷子沾水塗抹鍋邊。

10 在鍋中放入探針，並持續攪拌，待溫度升至118度時關火，並靜置待溫度降至90度後，取出探針。

⇒ 若糖漿表面稍有凝結，則可以打蛋器拌勻。

11 加入吉利丁櫻花水，並以打蛋器攪拌均勻。

12 加入檸檬水，並以打蛋器攪拌均勻，即完成櫻花糖漿。

⇒ 須確認檸檬酸完全溶解，無顆粒殘留。

❀ 組裝及脫模

13 將三明治袋套在杯子上，並以刮刀為輔助倒入櫻花糖漿。

14 將三明治袋尾端打結，再以剪刀將三明治袋尖端平剪。

15 在圓形模具上噴烤盤油後，先放入鹽漬櫻花，再擠入櫻花糖漿。

⇒ 噴上烤盤油較易脫模；也可先將櫻花糖漿擠入圓形模具內，再以筷子放入鹽漬櫻花。

16 將圓形模具放入冰箱冷凍庫中靜置待凝固後，取出。

17 將櫻花珍珠軟糖脫模至盤中。

⇒ 趁模具冰冷時脫模，較易取出軟糖。

18 撒上日式太白粉後，即可享用。

⇒ 若沒撒日式太白粉，須多噴一點烤盤油以避免沾黏。

櫻花珍珠軟糖
製作動態影片
QRcode

12

13

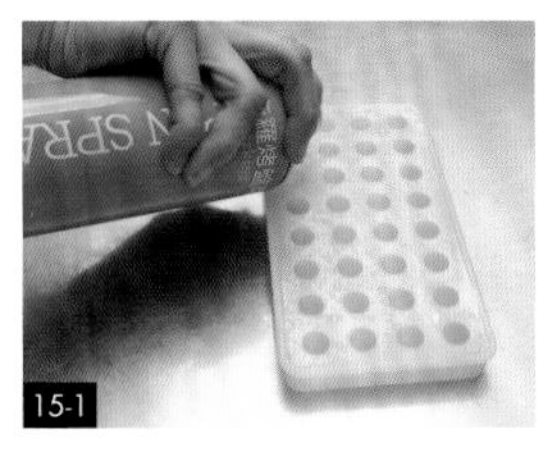
15-1

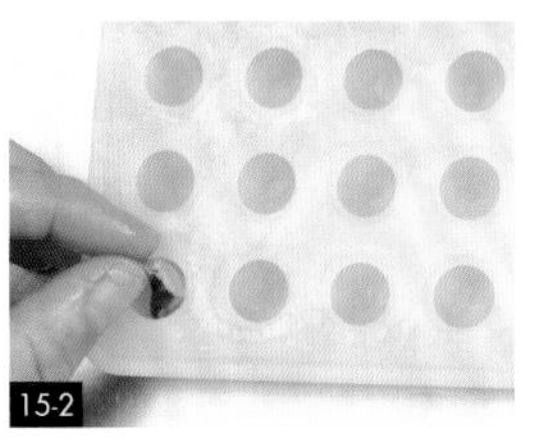
15-2

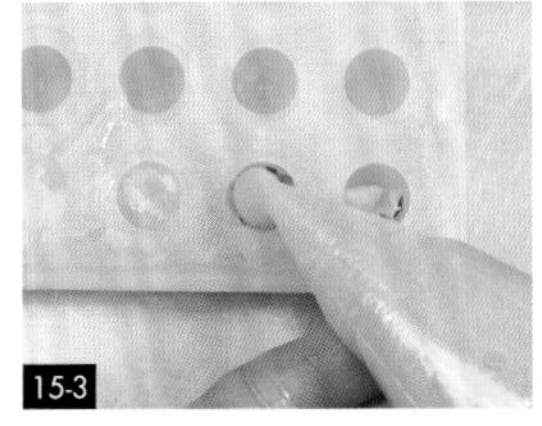
15-3

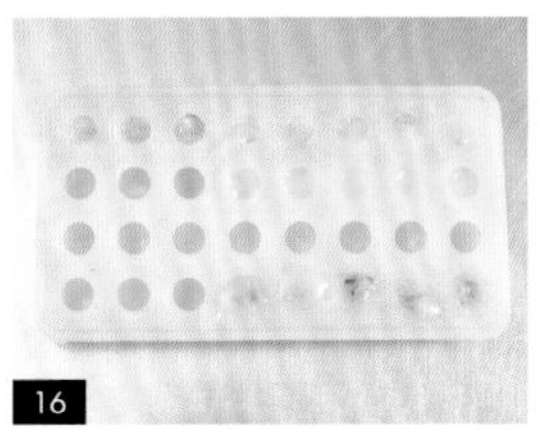
16

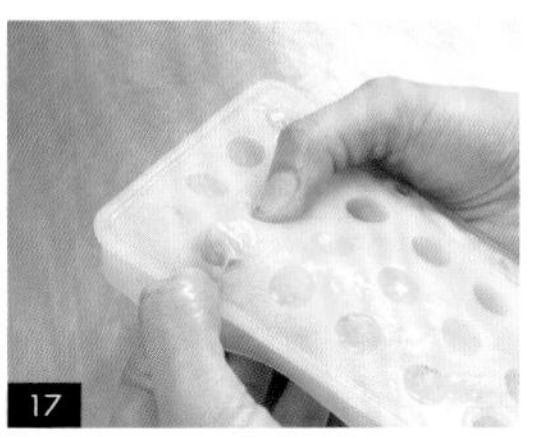
17

Soft Candy No.11

◆ 軟糖製作

水果軟糖

保存方式 冷藏密封保存7天。

取出時機 取出後可噴油或沾日式太白粉避免沾黏。

INGREDIENTS 材料

① 檸檬酸	3g
② 飲用水 a	3cc
③ 吉利丁粉	40g
④ 飲用水 b	35cc
⑤ 熱帶水果濃縮果汁 a	35cc
⑥ 飲用水 c	50cc
⑦ 熱帶水果濃縮果汁 b	25cc
⑧ 寒天粉	4g
⑨ 水麥芽	250g
⑩ 細砂糖	200g
⑪ 日式太白粉	少許

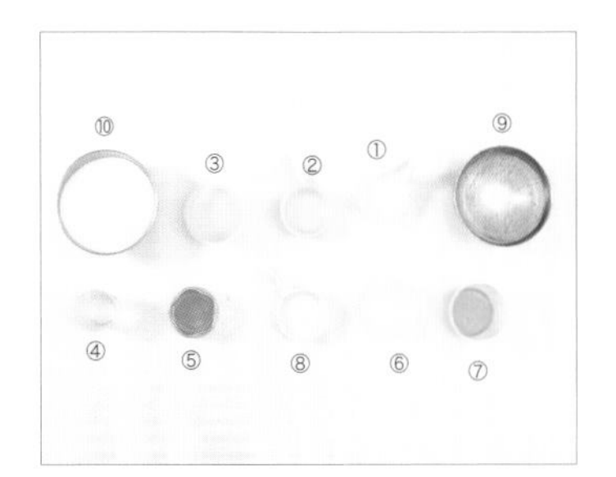

STEP BY STEP 步驟

❀ 前置作業

01 將烤箱預熱至上火60度、下火60度。

02 將飲用水a、檸檬酸混合後拌勻，蓋上保鮮膜，並放入已預熱好的烤箱中保溫，為檸檬水，備用。

03 將吉利丁粉、熱帶水果濃縮果汁a、飲用水b攪拌混合後拌勻，蓋上保鮮膜，並放入已預熱好的烤箱中保溫，為吉利丁水果水，備用。

⇒ 因吉利丁粉須時間融化，建議提早20分鐘準備。

❀ 糖漿製作

04 準備一空鍋，依序倒入飲用水c、熱帶水果濃縮果汁b、寒天粉，以打蛋器拌勻後開火，並持續攪拌。

05 將寒天水煮至水滾後，再煮1分鐘，加入水麥芽，以打蛋器持續攪拌。

02

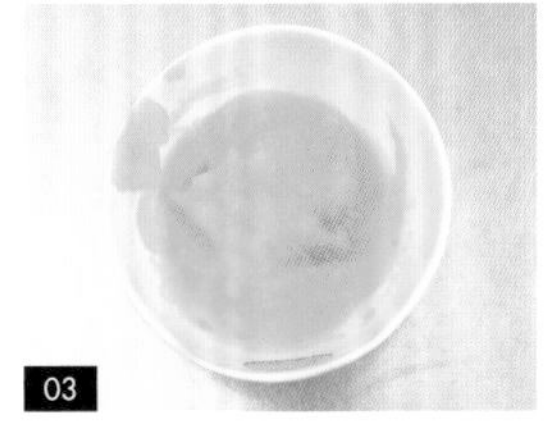
03

04

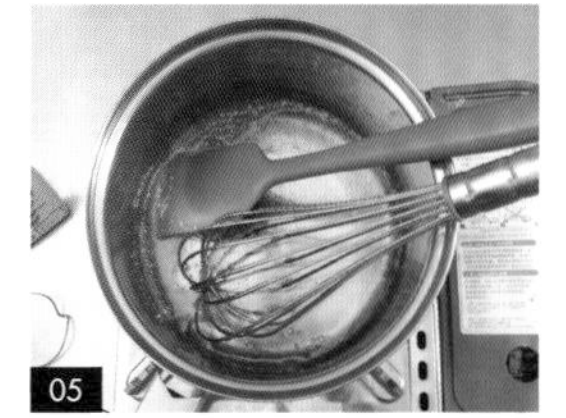
05

06 加入½細砂糖，並以打蛋器攪拌均勻。

07 加入剩下的½細砂糖，並以打蛋器攪拌均勻。

⇒ 若鍋內邊緣有燒焦情形，可以刷子沾水塗抹鍋邊。

08 在鍋中放入探針，並持續攪拌，待溫度升至118度時關火，並靜置待溫度降至90度後，取出探針。

09 加入吉利丁水果水，並以打蛋器攪拌均勻。

10 加入檸檬水，並以打蛋器攪拌均勻，即完成水果糖漿。

⇒ 須確認檸檬酸完全溶解，無顆粒殘留。

組裝及脫模

11 將三明治袋套在杯子上，並以刮刀為輔助倒入水果糖漿。

12 將三明治袋尾端打結，再以剪刀將三明治袋尖端平剪。

13 在圓形模具上噴烤盤油後，將水果糖漿擠入圓形模具內。

⇒ 噴上烤盤油較易脫模。

14 將圓形模具放入冰箱冷凍庫中靜置待凝固後，取出。

15 將水果軟糖脫模至盤中。

⇒ 趁模具冰冷時脫模，較易取出軟糖。

16 撒上日式太白粉後，即可享用。

⇒ 若沒撒日式太白粉，須多噴一點烤盤油以避免沾黏。

水果軟糖製作
動態影片QRcode

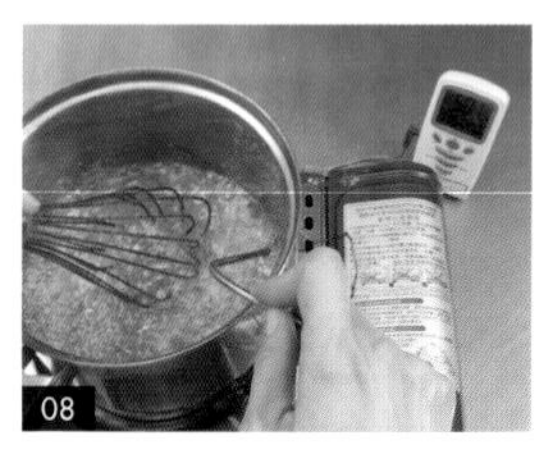

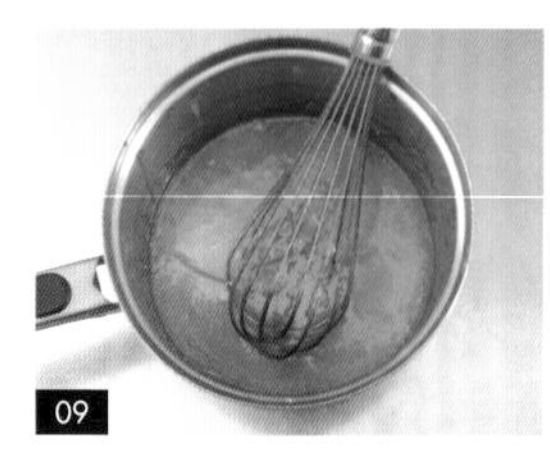

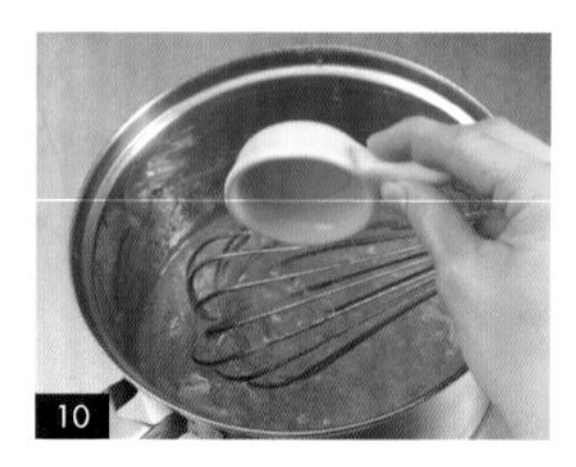

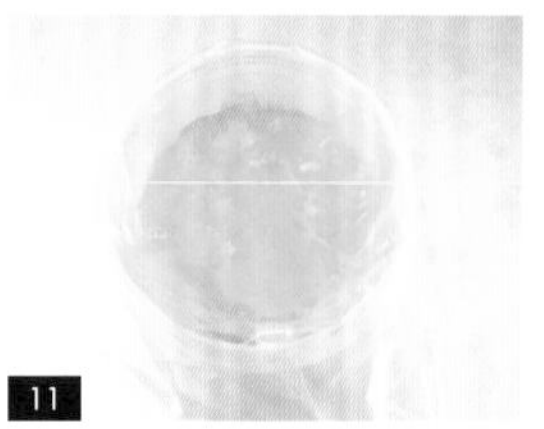

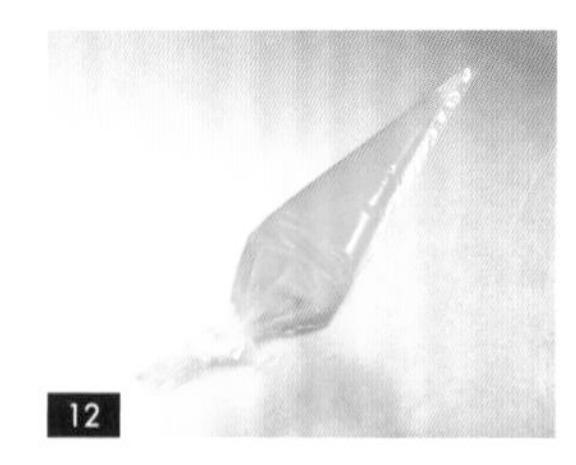

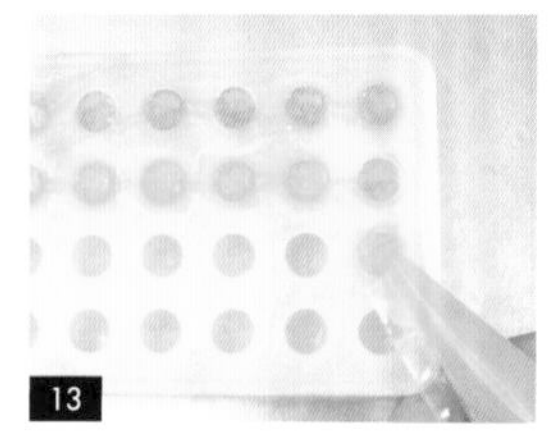

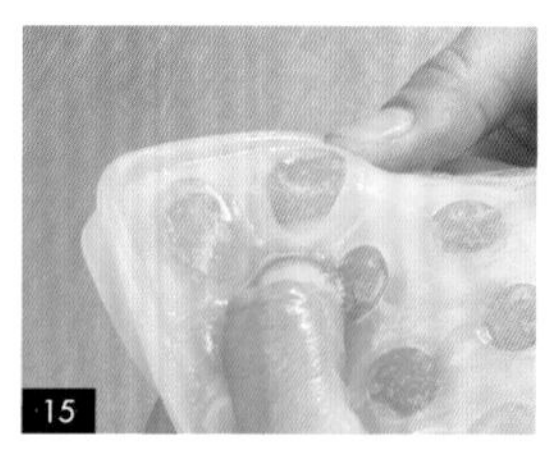

Soft Candy No.12

◆ 軟糖製作

青梅軟糖

保存方式 常溫密封保存14天。

取出時機 取出後可噴油或沾日式太白粉避免沾黏。

INGREDIENTS 材料

① 檸檬酸	3g	⑦ 飲用水 c	50cc
② 青梅（切丁）	適量	⑧ 檸檬酒 b	25cc
③ 飲用水 a	3cc	⑨ 寒天粉	4g
④ 飲用水 b	35cc	⑩ 水麥芽	250g
⑤ 檸檬酒 a	35cc	⑪ 細砂糖	200g
⑥ 吉利丁粉	40g	⑫ 日式太白粉	少許

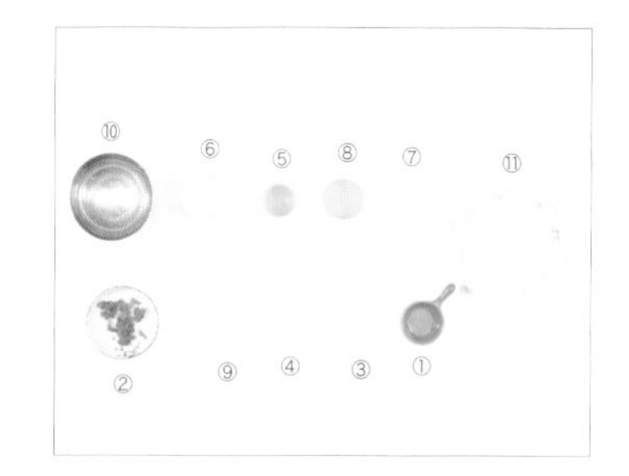

STEP BY STEP 步驟

前置作業

01 將烤箱預熱至上火60度、下火60度。

02 將青梅切丁，備用。

03 將飲用水a、檸檬酸混合後拌勻，蓋上保鮮膜，並放入已預熱好的烤箱中保溫，為檸檬水，備用。

04 將吉利丁粉、檸檬酒a、飲用水b攪拌混合後拌勻，蓋上保鮮膜，並放入已預熱好的烤箱中保溫，為吉利丁檸檬水，備用。

⇒ 因吉利丁粉須時間融化，建議提早20分鐘準備。

05　在圓形模具上噴烤盤油。

⇒ 噴上烤盤油較易脫模。

06　在圓形模具內放入青梅丁。

❀ 糖漿製作

07　準備一空鍋，依序倒入飲用水c、檸檬酒b、寒天粉後，以打蛋器拌勻後開火，並持續攪拌。

08　將寒天水煮至水滾後，再煮1分鐘，加入水麥芽，以打蛋器持續攪拌。

⇒ 勿停止攪拌。

09　加入½細砂糖，並以打蛋器攪拌均勻。

10　加入剩下的½細砂糖，並以打蛋器攪拌均勻。

⇒ 若鍋內邊緣有燒焦情形，可以刷子沾水塗抹鍋邊。

11　在鍋中放入探針，並持續攪拌，待溫度升至118度時關火，並靜置待溫度降至90度後，取出探針。

12　加入吉利丁檸檬水，並以打蛋器攪拌均勻。

13　加入檸檬水，並以打蛋器攪拌均勻，即完成青梅糖漿。

⇒ 須確認檸檬酸完全溶解，無顆粒殘留。

❀ 組裝及脫模

14　將三明治袋套在杯子上，並以刮刀為輔助倒入青梅糖漿。

15　將三明治袋尾端打結，再以剪刀將三明治袋尖端平剪。

16　將青梅糖漿擠入圓形模具內。

17　將圓形模具放入冰箱冷凍庫中靜置待凝固後，取出。

18　將青梅軟糖脫模至盤中。

⇒ 趁模具冰冷時脫模，較易取出軟糖。

19　撒上日式太白粉後，即可享用。

⇒ 若沒撒日式太白粉，須多噴一點烤盤油以避免沾黏。

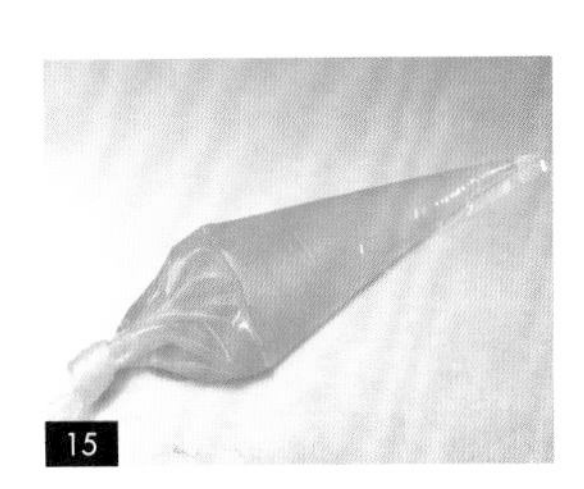

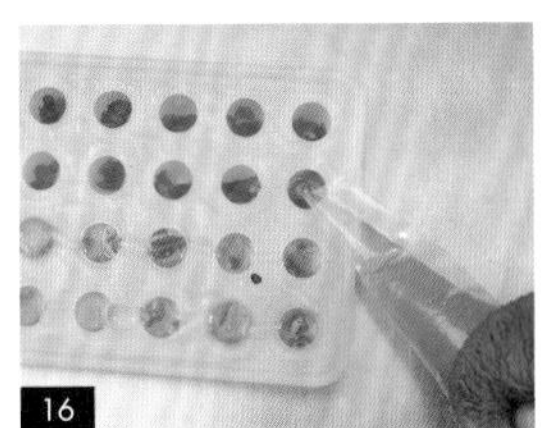

青梅軟糖
製作動態影片
QRcode

Soft Candy No.13

◆ 軟糖製作

蔓越莓土耳其堅果軟糖

INGREDIENTS 材料

① 烤熟榛果	50g	⑤ 細砂糖	200g
② 烤熟南瓜子	30g	⑥ 玉米粉	74g
③ 飲用水 a	125cc	⑦ 飲用水 b	100cc
④ 蔓越莓濃縮果汁	125cc	⑧ 日式太白粉	少許

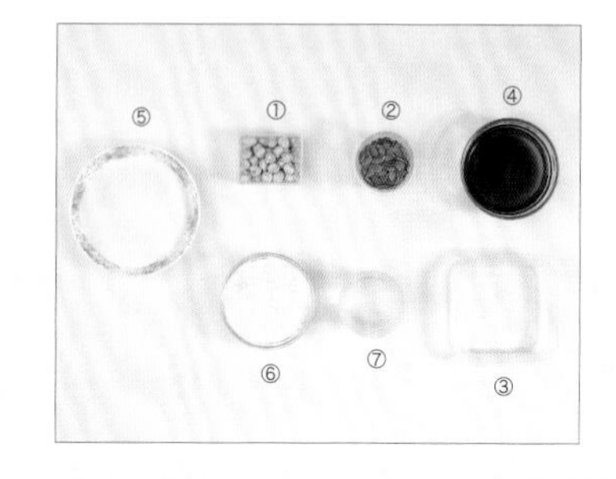

保存方式 冷藏密封保存7天。

取出時機 取出後可噴油或沾日式太白粉避免沾黏。

STEP BY STEP 步驟

前置作業

01 將烤箱預熱至上火80度、下火80度。

02 取一容器，倒入烤熟榛果、烤熟南瓜子並放入已預熱好的烤箱中保溫，備用。

03 將飲用水a、玉米粉混合後拌勻，為玉米水，備用。

04 將不沾黏矽膠墊放在整形盤上。

糖漿製作

05 準備一空鍋，依序倒入飲用水b、蔓越莓濃縮果汁、細砂糖。

06 在鍋中放入探針並加熱至118度後，加入玉米水，以打蛋器持續攪拌至濃稠狀時，再轉小火並換刮刀持續攪拌。

⇒ 加入玉米水時須同時攪拌糖漿。

07 以刮刀取少許糖漿至塑膠袋上，待冷卻後，用指腹測試糖的軟硬度沒問題後關火。

⇒ 若糖的黏稠度不足，則須繼續熬煮。

08 取出保溫的烤熟榛果、烤熟南瓜子，加入鍋中後，以刮刀拌勻。

09 以烤盤油在擀麵棍、不沾黏矽膠墊、雙手上噴油，以防止沾黏。

10 以刮刀為輔助，將鍋中的蔓越莓糖漿刮入整形盤中。

11 以擀麵棍、不沾黏矽膠墊為輔助，將蔓越莓糖漿整平後，靜置凝固。

取出及裁切

12 將蔓越莓土耳其堅果軟糖取出。

13 以篩網為輔助，在蔓越莓土耳其堅果軟糖雙面撒上日式太白粉。

14 以烤盤油在切糖刀雙面噴油後，將蔓越莓土耳其堅果軟糖切成塊狀，即可享用。

蔓越莓土耳其
堅果軟糖製作
動態影片 QRcode

02

03

05

06

07

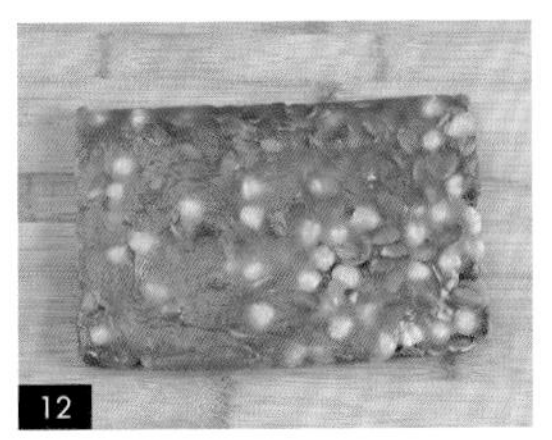
12

13

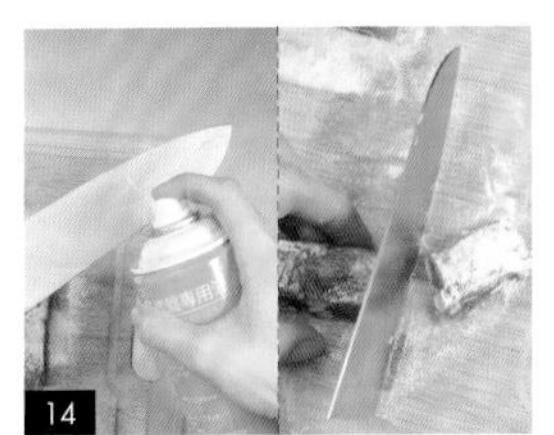
14

奇異果土耳其堅果軟糖

保存方式 冷藏密封保存7天。

取出時機 取出後可噴油或沾日式太白粉避免沾黏。

INGREDIENTS 材料

① 烤熟杏仁	60g	⑥ 飲用水 b	1cc
② 蜜漬橙皮	30g	⑦ 奇異果醬	105g
③ 玉米粉	74g	⑧ 飲用水 c	125cc
④ 飲用水 a	100cc	⑨ 細砂糖	140g
⑤ 檸檬酸	1.5g	⑩ 日式太白粉	少許

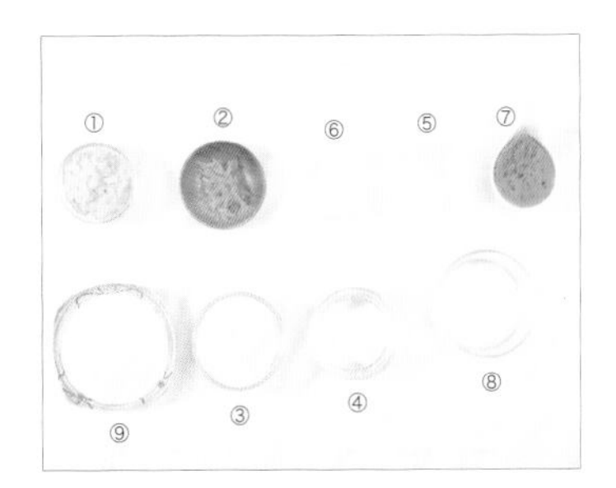

STEP BY STEP 步驟

前置作業

01 將烤箱預熱至上火80度、下火80度。

02 將飲用水a、玉米粉以打蛋器拌勻，即完成玉米水，備用。

03 取一容器，倒入烤熟杏仁，並放入已預熱好的烤箱中保溫，備用。

04 將蜜漬橙皮蓋上保鮮膜，並放入已預熱好的烤箱中保溫，備用。

05 將檸檬酸、飲用水b混合後拌勻，蓋上保鮮膜，並放入已預熱好的烤箱中保溫，為檸檬水，備用。

糖漿製作

06 準備一空鍋，依序倒入飲用水c、奇異果醬、細砂糖。

02

03

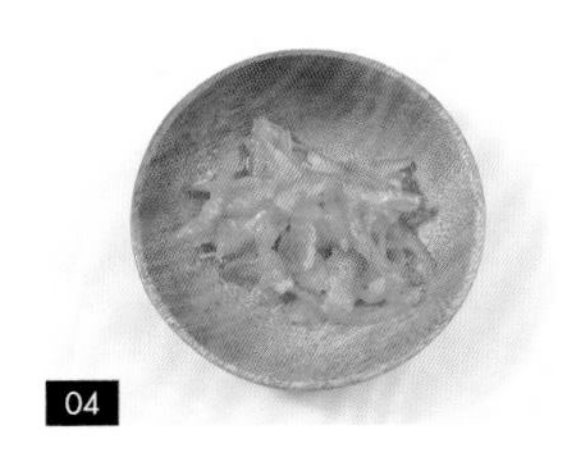
04

06

07 在鍋中放入探針並加熱至118度後，先加入玉米水，並以打蛋器持續攪拌至濃稠狀時，再轉小火，並換刮刀持續攪拌。

⇒ 加入玉米水時須同時攪拌糖漿。

08 以刮刀取少許糖漿至塑膠袋上，待冷卻後，用指腹測試糖的軟硬度沒問題後關火。

⇒ 若糖的黏稠度不足，則須繼續熬煮。

09 在鍋中加入烤熟杏仁、蜜漬橙皮、檸檬水，以刮刀拌勻，即完成奇異果糖漿。

⇒ 須確認檸檬酸完全溶解，無顆粒殘留。

10 將不沾黏矽膠墊放到烤盤上後，以烤盤油在擀麵棍、不沾黏矽膠墊、雙手上噴油，以防止沾黏。

11 以刮刀為輔助，將鍋中的奇異果糖漿刮入整形盤中。

12 以擀麵棍、不沾黏矽膠墊為輔助，整糖，將奇異果糖漿整平後，靜置凝固。

裁切

13 將奇異果土耳其堅果軟糖取出。

14 以篩網為輔助，在奇異果土耳其堅果軟糖雙面撒上日式太白粉。

15 以烤盤油在切糖刀雙面噴油後，將奇異果土耳其堅果軟糖切成塊狀，即可享用。

奇異果土耳其堅果軟糖製作動態影片 QRcode

07

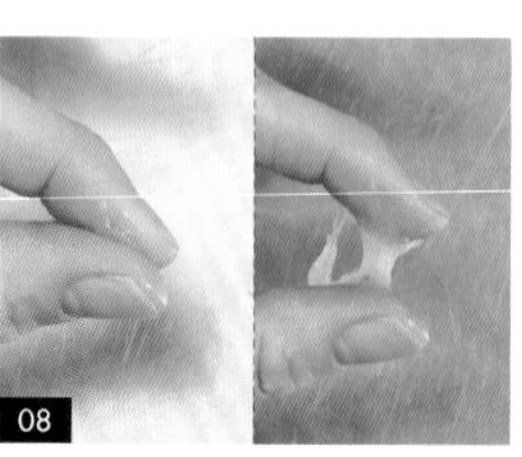

08

09

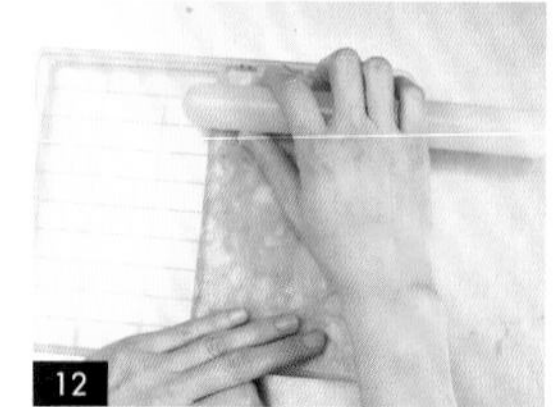

12

Soft Candy No.15

◆ 軟糖製作

蔬果堅果軟糖

INGREDIENTS 材料

① 紅蘿蔔（切丁） 75g	⑧ 芒果果醬 75g
② 烤熟花生 150g	⑨ 飲用水 c 75cc
③ 烤熟腰果 150g	⑩ 水麥芽 300g
④ 飲用水 a 100cc	⑪ 細砂糖 150g
⑤ 地瓜粉（或太白粉） 50g	⑫ 鹽巴 3g
⑥ 濃縮柚子醬 110g	⑬ 液態油（或融化奶油） 20cc
⑦ 飲用水 b 110cc	

保存方式 常溫密封保存1個月。

取出時機 取出後可噴油或沾日式太白粉避免沾黏。

STEP BY STEP 步驟

前置作業

01 將烤箱預熱至上火80度、下火80度。

02 將紅蘿蔔削皮切丁，備用

03 取一容器，倒入烤熟花生、烤熟腰果並放入已預熱好的烤箱中保溫，備用。

04 將飲用水a、地瓜粉混合後拌勻，為地瓜水，備用。

05 取果汁機，依序倒入飲用水b、飲用水c、濃縮柚子醬、芒果果醬、紅蘿蔔丁，均勻打細，為蔬果汁，備用。

糖漿製作

06 準備一空鍋，依序倒入蔬果汁、水麥芽、細砂糖、鹽巴後，以打蛋器拌勻後開火。

07 在鍋中放入探針並加熱至110度後，加入地瓜水，並以打蛋器持續攪拌至呈濃稠狀時，再轉小火，並換刮刀持續攪拌。

⇒ 加入地瓜水時須同時攪拌糖漿。

08 以刮刀取少許糖漿至塑膠袋上，待冷卻後，用指腹測試糖的軟硬度。

⇒ 若糖的黏稠度不足，則須繼續熬煮。

09 加入液態油，並以刮刀攪拌均勻後，關火。

10 加入保溫的烤熟花生、烤熟腰果，並以刮刀攪拌均勻，即完成蔬果堅果糖漿。

11 將塑膠袋平放在整形盤上後噴油，並在雙手噴上烤盤油，以防止沾黏。

12 以刮刀為輔助，將蔬果堅果糖漿刮入整形盤中，並將整形盤輕敲桌面，使糖漿分布均勻後，靜置凝固。

脫模及裁切

13 將蔬果堅果軟糖取出。

14 以烤盤油在切糖刀雙面噴油，並將蔬果堅果軟糖切成塊狀，即可享用。

蔬果堅果軟糖
製作動態影片
QRcode

03

07-1

07-2

14

法式水果軟糖（柚子口味）

INGREDIENTS 材料

① 果膠粉	15g	
② 細砂糖 a	50g	
③ 飲用水 a	3cc	
④ 檸檬酸	3g	
⑤ 飲用水 b	100cc	
⑥ 柚子果醬	210g	
⑦ 水麥芽	120g	
⑧ 細砂糖 b	200g	
⑨ 細砂糖 c	適量	

法式水果軟糖（柚子口味）製作動態影片QRcode

保存方式 冷藏密封保存7天。

取出時機 取出後可噴油或沾細砂糖避免沾黏。

STEP BY STEP 步驟

前置作業

01 將烤箱預熱至上火60度、下火60度。

02 取一塑膠袋，倒入果膠粉、細砂糖a後搖勻，為果膠糖，備用。

⇒ 混和果膠粉、細砂糖a可防止結塊。

03 將飲用水a、檸檬酸混合後拌勻，蓋上保鮮膜，並放入已預熱好的烤箱中保溫，為檸檬水，備用。

04 在模具上噴烤盤油。

⇒ 噴上烤盤油較易脫模。

糖漿製作

05 準備一空鍋，依序倒入飲用水b、柚子果醬、水麥芽、細砂糖b後開火。

06 在鍋中放入探針，待溫度升至50～60度後，以打蛋器持續攪拌，並加入½果膠糖。

⇒ 加入果膠糖時須同時攪拌。

07 加入剩下的½果膠糖，並以打蛋器持續攪拌至106度後，關火。

08 加入檸檬水，並以打蛋器攪拌均勻，即完成柚子糖漿。

⇒ 須確認檸檬酸完全溶解，無顆粒殘留。

09 將柚子糖漿倒入模具中，並輕敲模具以消除氣泡後，靜置凝固。

組裝及脫模

10 以烤盤油在砧板、刀子上噴油，以防止沾黏。

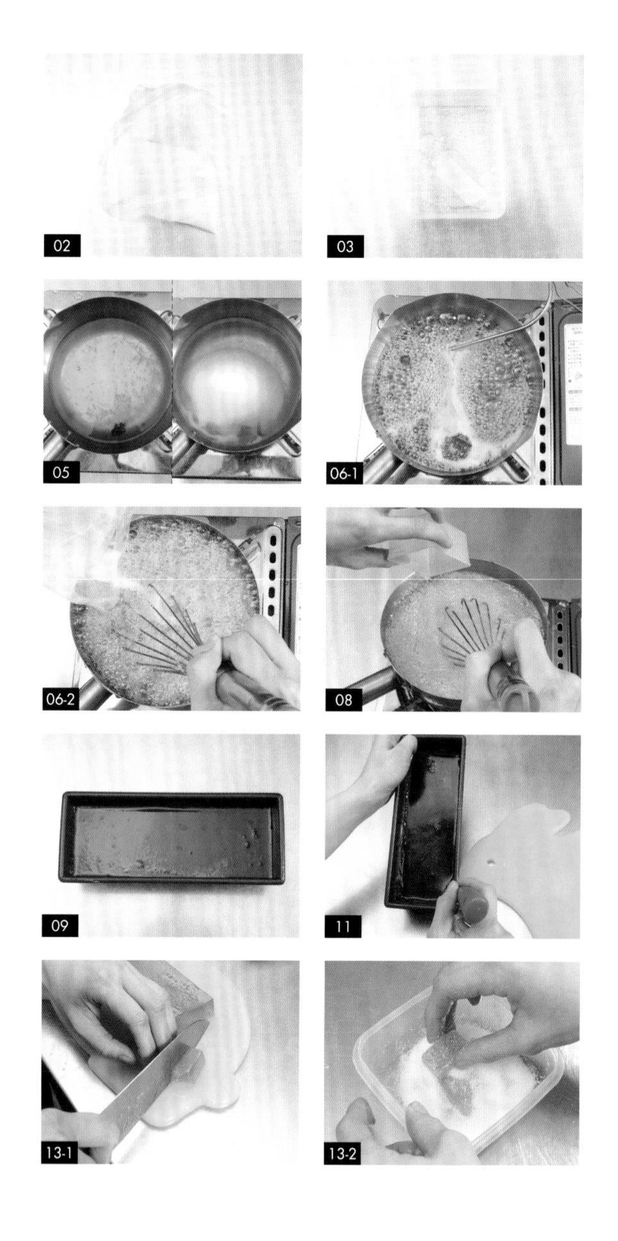

11 取柚子軟糖，以刀子劃過模具四邊，幫助脫模。

12 將模具倒扣在砧板上後，用雙手持模具上下輕敲，將軟糖脫模。

13 以切糖刀將柚子軟糖切成塊狀後，均勻沾上細砂糖c，以防止沾黏，即可享用。

Soft Candy No.17

◆ 軟糖製作

法式水果軟糖（蔓越莓口味）

INGREDIENTS 材料

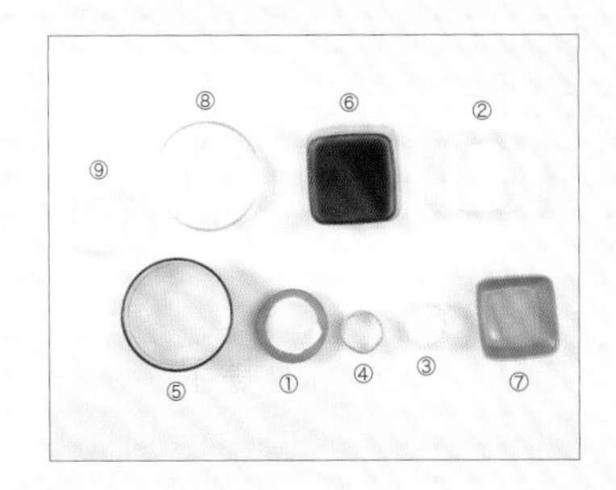

① 果膠粉 15g
② 細砂糖 a 50g
③ 飲用水 a 1cc
④ 檸檬酸 1g
⑤ 飲用水 b 100cc
⑥ 蔓越莓濃縮果汁 210cc
⑦ 水麥芽 120g
⑧ 細砂糖 b 200g
⑨ 細砂糖 c 適量

法式水果軟糖（蔓越莓口味）製作動態影片 QRcode

保存方式 冷藏密封保存7天。

取出時機 取出後可噴油或沾細砂糖避免沾黏。

STEP BY STEP 步驟

前置作業

01 將烤箱預熱至上火60度、下火60度。

02 取一塑膠袋，倒入果膠粉、細砂糖a後搖勻，為果膠糖，備用。

⇒ 混和果膠粉、細砂糖a可防止結塊。

03 將飲用水a、檸檬酸混合後拌勻，蓋上保鮮膜，並放入已預熱好的烤箱中保溫，為檸檬水，備用。

04 在模具上噴烤盤油。

⇒ 噴上烤盤油較易脫模。

糖漿製作

05 準備一空鍋，依序倒入飲用水b、蔓越莓濃縮果汁、水麥芽、細砂糖b後開火。

06 在鍋中放入探針，待溫度升至50～60度後，以打蛋器持續攪拌，並加入½果膠糖。

⇒ 加入果膠糖時須同時攪拌。

07 加入剩下的½果膠糖，並以打蛋器持續攪拌至106度後，關火。

08 加入檸檬水，並以打蛋器攪拌均勻，即完成蔓越莓糖漿。

09 將蔓越莓糖漿倒入模具中，並輕敲模具以消除氣泡後，靜置凝固。

組裝及脫模

10 以烤盤油在砧板、刀子、雙手上噴油，以防止沾黏。

11 取蔓越莓軟糖，以刀子劃過模具四邊，幫助脫模。

12 將模具倒扣在砧板上後，用雙手持模具上下輕敲，將軟糖脫模。

13 以切糖刀將蔓越莓軟糖切成塊狀後，均勻沾上細砂糖c，以防止沾黏，即可享用。

Chocolate No.18

◆ 巧克力製作

法式相思

INGREDIENTS 材料

① 烤熟綜合堅果 120g
② 蔓越莓乾 160g
③ 酒 12cc
④ 苦甜巧克力 55g
⑤ 蜂蜜 32cc
⑥ 低筋麵粉 20g

法式相思製作
動態影片QRcode

保存方式 常溫密封保存7天。

STEP BY STEP 步驟

❀ 前置作業

01 將烤熟綜合堅果放入已預熱好至上火80度、下火80度的烤箱中保溫，備用。

02 將酒、蔓越莓乾混合後拌勻，蓋上保鮮膜，並放入冰箱冷藏一晚，為蔓越莓酒乾，備用。

03 準備一空鍋，先加水，再將鋼盆放在鍋內，以預備隔水加熱。

04 在鋼盆中倒入苦甜巧克力後開火，以刮刀攪拌巧克力至融化，備用。

⇒ 水溫勿超過50度，以免巧克力油水分離。

05 以篩網將低筋麵粉過篩，備用。

❀ 巧克力麵糊製作

06 準備一空鍋，依序倒入蔓越莓酒乾、蜂蜜、保溫烤熟堅果，並以刮刀拌勻。

07 加入已過篩的低筋麵粉，並以刮刀拌勻。

08 加入融化後的苦甜巧克力，以刮刀壓拌均勻，直至看不見粉粒，即完成巧克力麵糊製作。

❀ 烘烤及裁切

09 在模具中放入烘焙紙，以防止巧克力麵糊沾黏。

⇒ 也可在模具上噴烤盤油。

10 將巧克力麵糊倒入鋪上烘焙紙的模具內，並以刮刀壓緊巧克力麵糊。

11 將巧克力麵糊放入已預熱好至上火160度、下火160度的烤箱中烘烤10分鐘後，取出並轉向180度，再烘烤8分鐘。

⇒ 將烤盤轉向再烘烤，以使巧克力麵糊均勻受熱。

12 從烤箱中取出法式相思，靜置冷卻後脫模，並取下烘焙紙。

13 以切糖刀將法式相思切成塊狀後，即可享用。

02

04

06

07

08

10

11

13

Chocolate No.19

◆ 巧克力製作

生巧克力

INGREDIENTS 材料

① 動物性鮮奶油	100g
② 調溫巧克力	200g
③ 咖啡酒	10cc
④ 無鹽奶油	40g
⑤ 防潮可可粉	適量

生巧克力製作
動態影片QRcode

保存方式 冷藏密封保存7天。

STEP BY STEP 步驟

❀ 前置作業

01 將動物性鮮奶油以微波爐加熱至回溫，備用。

⇒ 也可以放至常溫。

❀ 巧克力麵糊製作

02 準備一空鍋，先加水，再將鋼盆放在鍋內，以預備隔水加熱。

03 在鋼盆中倒入調溫巧克力後開火，以刮刀攪拌巧克力至融化。

⇒ 水溫勿超過50度，以免巧克力油水分離。

04 將動物性鮮奶油加入鋼盆中，並以刮刀拌勻。

05 加入咖啡酒，並以刮刀拌勻後，關火。

06 加入無鹽奶油，以苦甜巧克力的餘溫融化奶油，並以刮刀拌勻，即完成巧克力糊。

❀ 烘烤及裁切

07 在模具中放入烘焙紙，以防止巧克力糊沾黏。

⇒ 也可在模具上噴烤盤油。

08 將巧克力糊倒入鋪上烘焙紙的模具內後，輕震模具，將巧克力糊震平，再放入冰箱冷藏庫中靜置凝固。

09 將巧克力取出，取下烘焙紙，並以切糖刀切成小塊狀。

10 均勻沾上防潮可可粉後，即可享用。

01

02

04

05

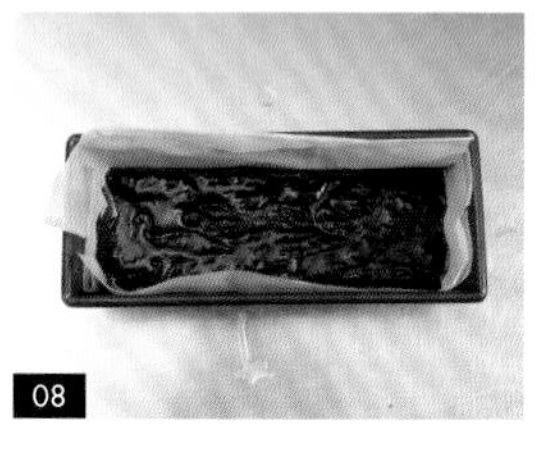
08

09

10

Chocolate No.20

◆ 巧克力製作

堅果莓乾巧克力塊

INGREDIENTS 材料

① 烤熟綜合堅果 100g
② 莓果乾 50g
③ 蘭姆酒 1 瓶蓋
④ 苦甜巧克力 300g
⑤ 無鹽奶油 60g

堅果莓乾巧克力塊
製作動態影片
QRcode

保存方式 常溫密封保存7天。

STEP BY STEP 步驟

❀ 前置作業

01 將烤熟綜合堅果放入已預熱至上火80度、下火80度的烤箱中保溫，備用。

02 將蘭姆酒、莓果乾混合後拌勻，蓋上保鮮膜並放入冰箱浸泡半天，為蘭姆酒莓果乾，備用。

❀ 堅果莓乾巧克力糊製作

03 準備一空鍋，先加水，再將鋼盆放在鍋內，以預備隔水加熱。

04 在鋼盆中倒入苦甜巧克力後開火，以刮刀攪拌巧克力至融化，備用。

⇒ 水溫勿超過50度，以免巧克力油水分離。

05 加入浸泡後的莓果乾和保溫堅果，並以刮刀攪拌均勻後，關火。

06 加入無鹽奶油，以苦甜巧克力的餘溫融化奶油，並以刮刀拌勻，即完成堅果莓乾巧克力糊製作。

❀ 烘烤及裁切

07 在模具中放入烘焙紙，以防止巧克力糊沾黏。

08 將堅果莓乾巧克力糊倒入鋪上烘焙紙的模具內後，輕震模具，將巧克力麵震平，並靜置凝固。

09 將凝固的堅果莓乾巧克力脫模，並取下烘焙紙。

10 以切糖刀將堅果莓乾巧克力切成小塊狀，即可享用。

05-1

05-2

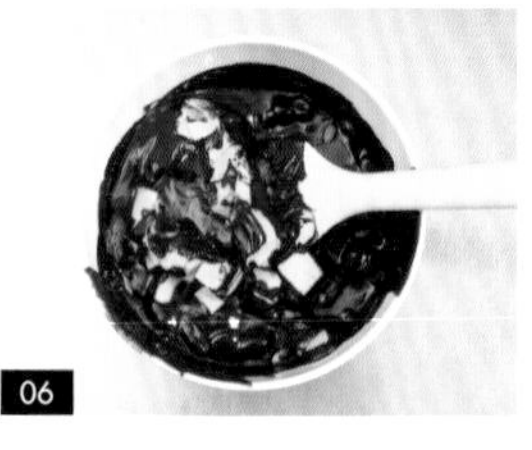
06

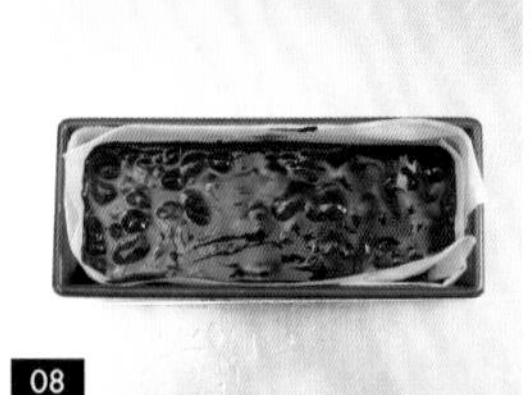
08

09

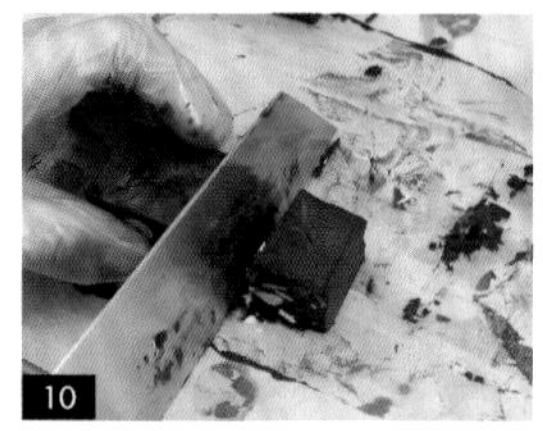
10

Chocolate No.21

◆ 巧克力製作

多穀巧克力堅果棒

INGREDIENTS 材料

① 玉米片 25g
② 燕麥 25g
③ 糙米粉 25g
④ 米乾 125g
（可參考米乾製作 P.20。）
⑤ 黑芝麻 12.5g
⑥ 白芝麻 12.5g
⑦ 烤熟綜合堅果 50g
⑧ 苦甜巧克力 適量
⑨ 飲用水 125cc
⑩ 水麥芽 100g
⑪ 蜂蜜 15cc
⑫ 細砂糖 60g
⑬ 鹽巴 1g
⑭ 無鹽奶油 15g

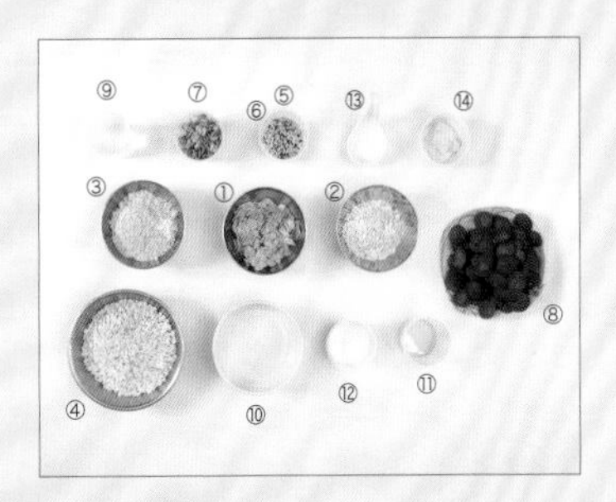

保存方式 常溫密封保存14天。

STEP BY STEP 步驟

❀ 前置作業

01 將烤箱預熱至上火80度、下火80度。

02 取一容器，倒入玉米片、燕麥、糙米粉、米乾、黑芝麻、白芝麻、烤熟綜合堅果，為綜合穀物堅果。

03 將綜合穀物堅果放入已預熱好的烤箱中保溫，備用。

04 將苦甜巧克力隔水加熱至融化後，放入三明治袋中，備用。

❀ 糖糊置作

05 準備一空鍋，依序倒入飲用水、水麥芽、蜂蜜、細砂糖、鹽巴、無鹽奶油，再開火。

⇒ 先加入液態材料，再加入固態材料。

06 在鍋中放入探針以測量溫度，待溫度升至118度時關火。

07 取出保溫的綜合穀物堅果，並加入鍋中，以刮刀切拌均勻，即完成多穀堅果糖漿。

❀ 烘烤及裁切

08 將塑膠袋平放在烤盤上後，以烤盤油在烤盤、擀麵棍、烘焙布、刮刀、雙手上噴油，以防止沾黏。

09 以刮刀為輔助，將多穀堅果糖漿刮入烤盤中。

10 以擀麵棍、烘焙布為輔助，用手將多穀堅果糖漿整平後，靜置凝固。

11 將多穀堅果糖取出。

12 以烤盤油在切糖刀雙面噴油後，將多穀堅果糖切成塊狀。

13 在多穀堅果糖表面擠上苦甜巧克力，即可享用。

多穀巧克力堅果棒
製作動態影片
QRcode

02

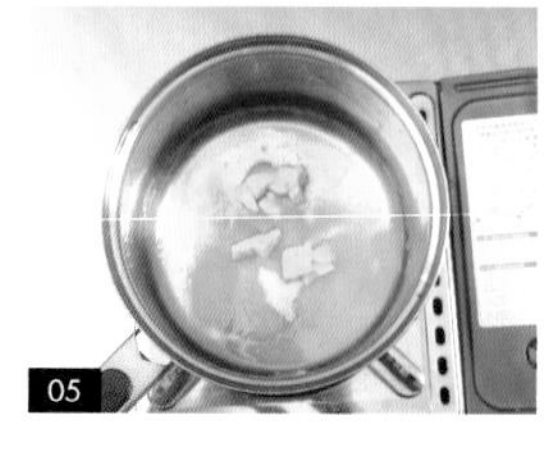

05

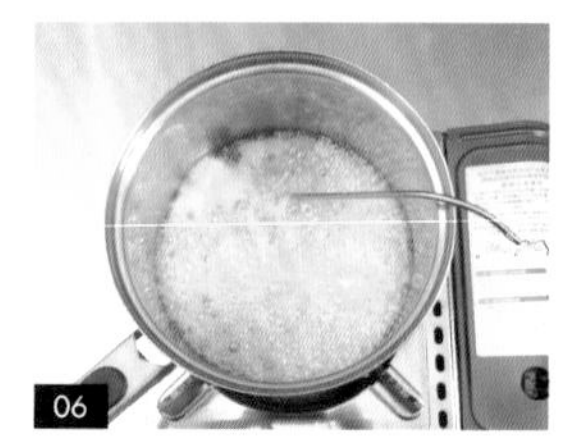

06

07

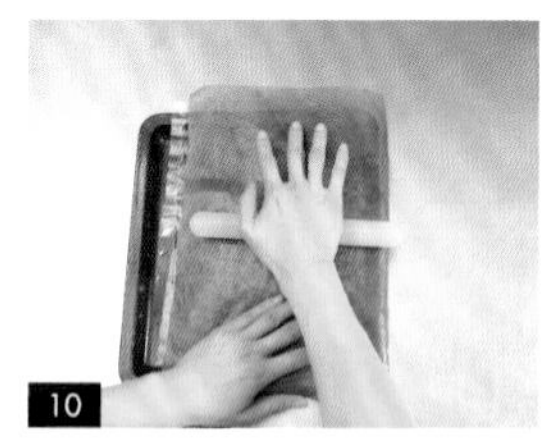

10

11

12

13

Chocolate No.22

◆ 巧克力製作

海獅造型巧克力慕斯球

保存方式 冷藏密封保存7天。

INGREDIENTS 材料

小型半圓慕斯
（約 8 個 3.5cm 半圓）

① 動物性鮮奶油 a	45g
② 細砂糖 a	4g
③ 馬斯卡彭起司 a	38g
④ 糖粉 a	20g
⑤ 濃縮柚子果醬	15g
⑥ 黃色色粉	0.5g
⑦ 吉利丁片 a	1.5 片

大型半圓慕斯
（約 7 個 6.5cm 半圓）

⑧ 動物性鮮奶油 b	100g
⑨ 細砂糖 b	10g
⑩ 馬斯卡彭起司 b	75g
⑪ 糖粉 b	30g
⑫ 吉利丁片 b	3 片

巧克力

⑬ 草莓巧克力	適量
⑭ 白巧克力	適量
⑮ 苦甜巧克力	適量

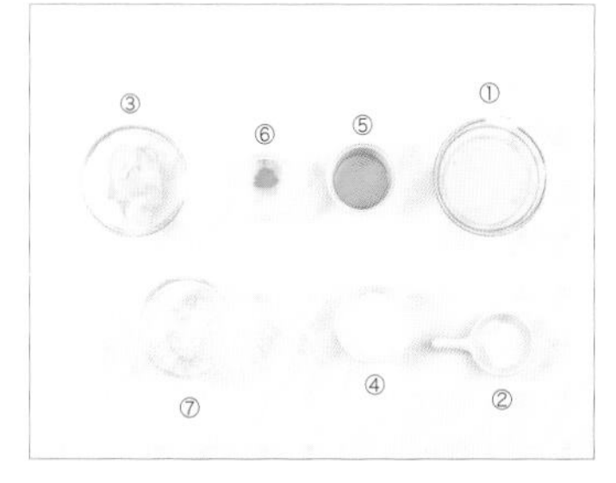

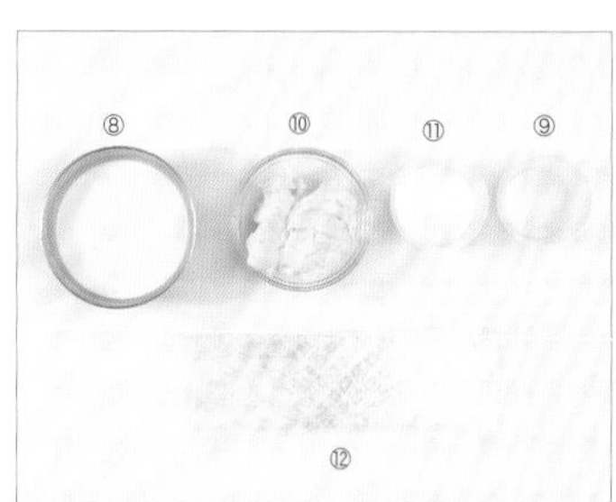

STEP BY STEP 步驟

前置作業

01 以篩網分別將糖粉 a、糖粉 b 過篩，備用。

02 分別將動物性鮮奶油 a、動物性鮮奶油 b 以微波爐加熱至回溫，備用。

03 取一容器裝入冰塊水，並以剪刀將吉利丁片 a 剪成小片，放入容器中浸泡至軟化，備用。

04 重複步驟 3，取另一容器將吉利丁片 b 浸泡至軟化，備用。

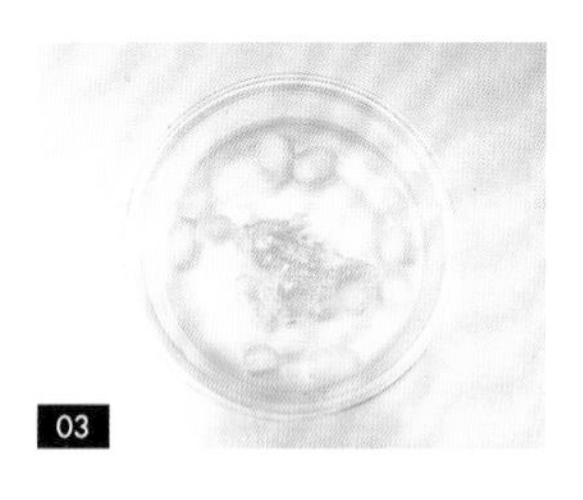
03

05-1

05-2

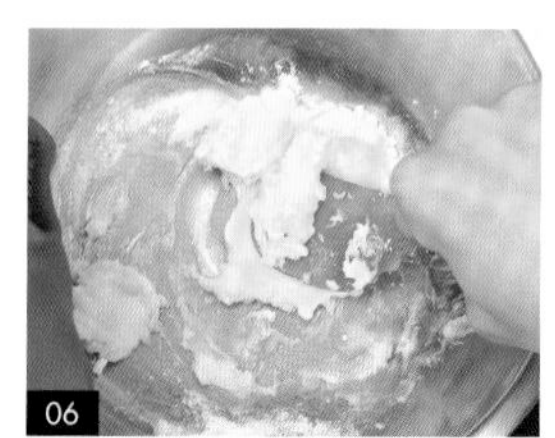
06

❀ 小型半圓慕斯

05 準備一鋼盆，倒入動物性鮮奶油a、細砂糖a，並以電動攪拌機打發至呈倒鉤狀，為打發鮮奶油，備用。

06 準備一空鍋，先加水，再將鋼盆放在鍋內，在鋼盆中倒入馬斯卡彭起司a、糖粉a後以刮刀攪拌均匀，開火，持續攪拌，為起司糊。

07 加入濃縮柚子果醬，並以打蛋器攪拌均匀。

08 加入黃色色粉，並以打蛋器拌匀以調色。

09 將冰塊水中的吉利丁片a取出後擰乾，加入鍋中，並以打蛋器攪拌均匀。

10 另取一容器，並放上篩網，將起司糖糊過篩入容器中。

11 加入打發鮮奶油，並以刮刀攪拌均匀，為黃色慕斯糊。

12 取一杯子，將三明治袋放入杯中後，以刮刀為輔助倒入慕斯糊，並將三明治袋尾端打結。

13 先以剪刀將三明治袋尖端平剪，取小型半圓模具，再將黃色慕斯糊擠入模具中後，放入冰箱冷凍庫中靜置凝固。

⇒ 可將平坦堅硬的物體墊在下方，防止變形。

14 將慕斯取出，即完成小型半圓慕斯，備用。

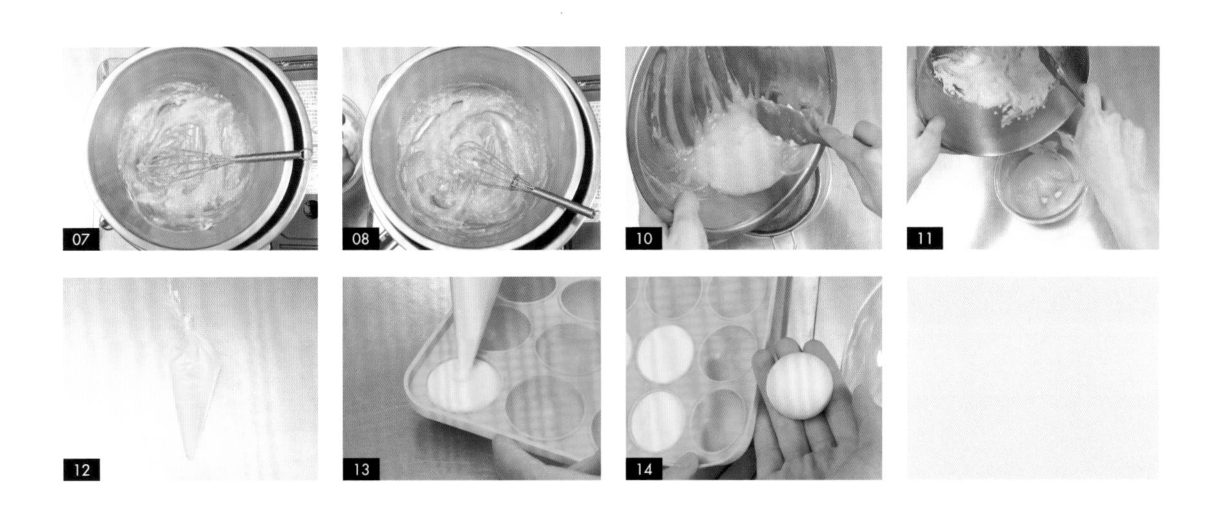

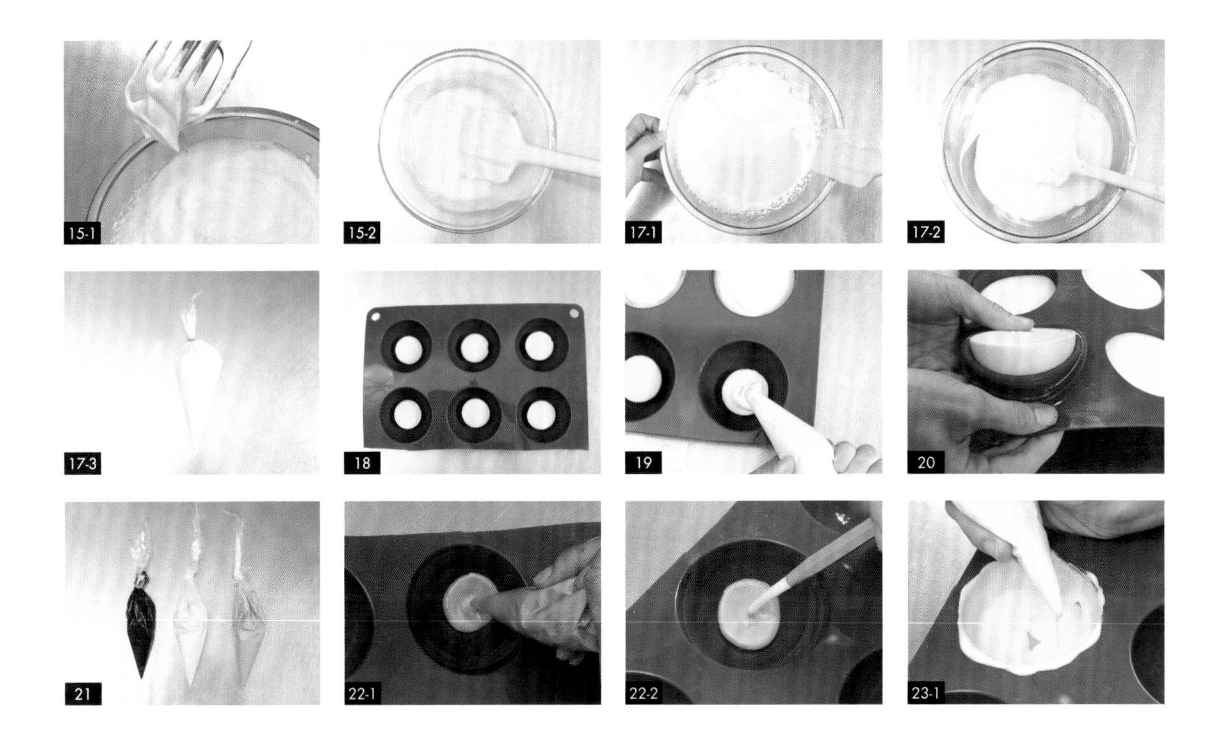

❀ 大型半圓慕斯

15 重複步驟5，將動物鮮奶油b、細砂糖b打發，為打發鮮奶油。

16 重複步驟6，隔水加熱馬斯卡彭起司b、糖粉b並拌勻，為起司糊。

17 重複步驟9-12，擰乾並加入吉利丁片b，以製作慕斯糊。

18 取大型半圓模具，將小型半圓慕斯的圓弧面朝下放入模具中。

19 以剪刀將三明治袋尖端平剪後，再將慕斯糊擠入模具中，並放入冰箱冷凍庫中靜置凝固。

⇨ 可將平坦堅硬的物體墊在下方，防止變形。

20 將慕斯取出，即完成大型半圓慕斯，備用。

❀ 海獅造型巧克力慕斯球

21 將草莓巧克力、白巧克力及苦甜巧克力分別隔水加熱至融化後，裝入三明治袋。

22 取大型半圓模具，以草莓巧克力在模具內繞圈擠出圓形後，以針車鑽末端抹勻。

23 以白巧克力繞圈擠出圓形，以平鋪模具表面，並以刷子刷匀。

24 以白巧克力沿著模具邊緣繞圈擠出，靜置凝固後脱模，為巧克力殼，備用。

25 取烘焙紙，分別以白巧克力、苦甜巧克力在紙上擠出兩個圓形，為雙腳、眼睛。

26 以白巧克力在烘焙紙上擠出兩個圓形後，再以草莓巧克力分別在兩個圓形上擠出小點，為耳朵。

27 以白巧克力在烘焙紙上擠出圓形並靜置凝固後，以苦甜巧克力在圓形上擠出倒V字形，並在V字形尖端擠出小點，為吻部（含鼻子、嘴巴）。

28 將烘焙紙靜置待巧克力凝固。

29 取下吻部，以針車鑽後端沾取白巧克力，塗抹在吻部背面，並放在巧克力殼中間黏貼固定。

30 重複步驟29，取下雙腳，在吻部下方兩側黏貼固定。

31 重複步驟29，取下眼睛，在吻部上方兩側黏貼固定。

32 以草莓巧克力在眼睛下方分別擠出圓形，完成腮紅。

33 取下耳朵後，在任一端沾取白巧克力，並放在頭頂上方兩側。

34 以針車鑽前端沾取苦甜巧克力，在腮紅上畫出傾斜的短直線，為鬍鬚，即完成海獅造型巧克力殼。

35 將大型半圓慕斯放入海獅造型巧克力殼中，即可享用。

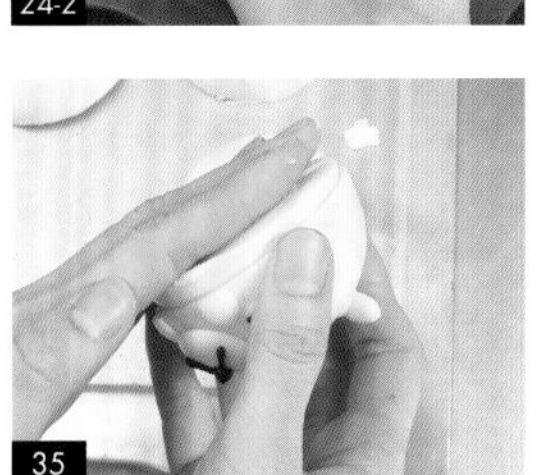

海獅造型巧克力
慕斯球製作
動態影片 QRcode

小熊造型巧克力慕斯球

INGREDIENTS 材料

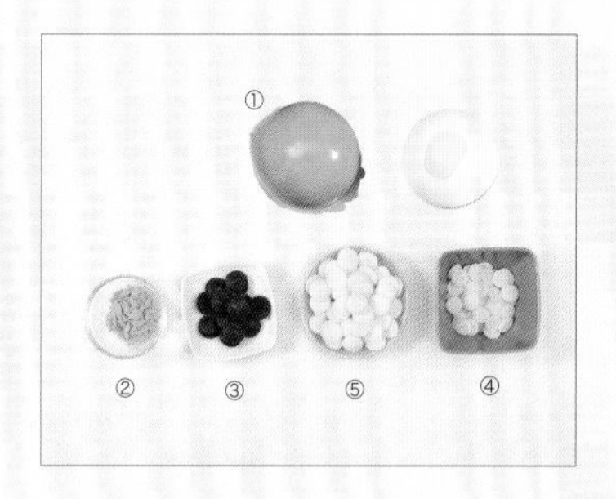

① 大型半圓慕斯與小型半圓慕斯 ...... 各 1 個
（可參考海獅造型巧克力慕斯球 P.90-92。）
② 草莓巧克力 ...... 適量
③ 苦甜巧克力 ...... 適量
④ 檸檬巧克力 ...... 適量
⑤ 白巧克力 ...... 適量

小熊造型巧克力慕斯球製作動態影片 QRcode

保存方式 冷藏密封保存7天。

STEP BY STEP 步驟

❀ 大型半圓慕斯及小型半圓慕斯

01 製作大型半圓慕斯及小型半圓慕斯。

⇒ 可參考海獅造型巧克力慕斯球P.90-92；口味上可改放入濃縮水蜜桃醬15g及紅麴粉少許，以製作水蜜桃慕斯。

❀ 小熊造型巧克力慕斯球

02 將草莓巧克力、檸檬巧克力、苦甜巧克力及白巧克力分別隔水加熱至融化後，裝入三明治袋。

03 取大型半圓模具，在模具內擠出草莓巧克力，以平鋪模具表面，並以刷子刷勻。

04 以草莓巧克力沿著模具邊緣繞圈擠出，靜置凝固後脫模，為巧克力殼，備用。

05 取烘焙紙，以苦甜巧克力在紙上擠出兩個圓形、一個倒三角形，分別為眼睛、鼻子。

06 以檸檬巧克力擠出橢圓形，為蜜蜂身體。

07 以白巧克力在橢圓形上方擠出兩個水滴形，為蜜蜂翅膀。

08 以苦甜巧克力在蜜蜂身體上擠出一個點、兩條線，分別為蜜蜂的眼睛及花紋，即完成蜜蜂。

09 以草莓巧克力擠出兩個圓，為耳朵。

10 將烘焙紙靜置待巧克力凝固。

11 取巧克力殼，並取下耳朵後，在任一端沾取草莓巧克力，並放在頭頂兩側。

12 以針車鑽後端沾取苦甜巧克力，在巧克力殼上方左側畫出斜線，為左側眉毛。

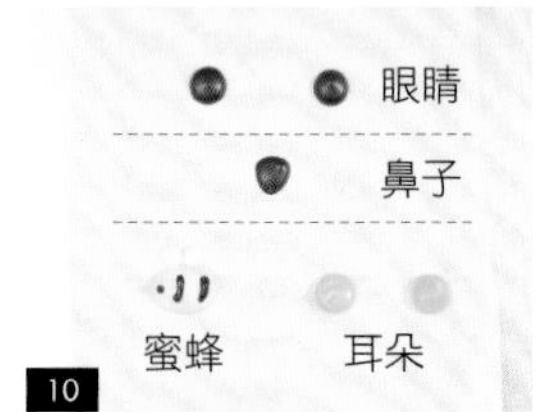

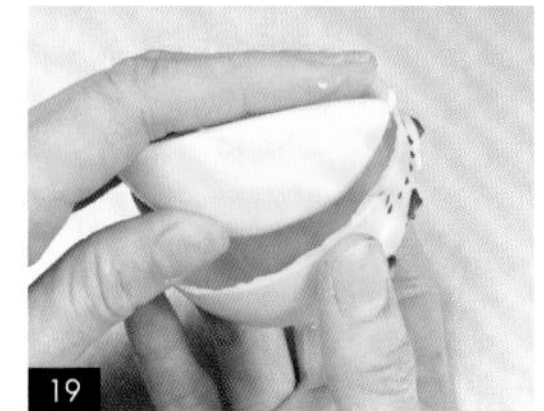

13 重複步驟12，完成右側眉毛。

14 取下眼睛後，以針車鑽後端沾取巧克力，塗抹在眼睛背面，並放在兩側眉毛下方黏貼固定。

15 重複步驟14，取下鼻子後，放在巧克力殼中間黏貼固定。

16 以針車鑽後端沾取巧克力，在鼻子上方畫橫線，為鼻紋。

17 重複步驟14，取下蜜蜂後，放在巧克力殼的左下側黏貼固定。

18 以針車鑽沾取巧克力，並在蜜蜂後方畫出短橫線，即完成小熊造型巧克力殼。

19 將大型半圓慕斯放入小熊造型巧克力殼中，即可享用。

Chocolate No.24

◆ 巧克力製作

柴犬造型巧克力慕斯球

INGREDIENTS 材料

① 大型半圓慕斯與小型半圓慕斯 各1個
（可參考海獅造型巧克力慕斯球 P.90-92。）

② 檸檬巧克力 適量

③ 苦甜巧克力 適量

④ 草莓巧克力 適量

⑤ 白巧克力 適量

柴犬造型巧克力慕斯球製作動態影片 QRcode

保存方式 冷藏密封保存7天。

STEP BY STEP 步驟

❀ 大型半圓慕斯及小型半圓慕斯

01 製作大型半圓慕斯及小型半圓慕斯。

⇒ 製作可參考海獅造型巧克力慕斯球P.90-92；口味上可改放入濃縮蔓越莓果醬15g及紅麴粉少許，以製作蔓越莓慕斯。

❀ 柴犬造型巧克力慕斯球

02 將檸檬巧克力、苦甜巧克力、草莓巧克力及白巧克力分別隔水加熱至融化後，並裝入三明治袋。

03 取大型半圓模具，以白巧克力在模具內擠出圓形後，以針車鑽後端抹勻。

04 以檸檬巧克力沿著模具邊緣繞圈擠出圓形，以平鋪模具表面後，搖勻。

⇒ 也可以刷子刷勻。

05 靜置凝固後脫模，為巧克力殼，備用。

06 取烘焙紙，以苦甜巧克力在紙上擠出兩個圓形，為眼睛。

07 以檸檬巧克力擠出兩個三角形、圓形，並以白巧克力在三角形上擠出小圓，為耳朵；在圓形上擠出小點，為腳掌。

08 將烘焙紙靜置待巧克力凝固。

09 以針車鑽後端沾取白巧克力，在巧克力殼上方左側畫出斜線，為左側眉毛。

10 重複步驟9，完成右側眉毛。

11 取下眼睛後，以針車鑽後端沾取苦甜巧克力，塗抹在眼睛背面，並放在兩側眉毛下方黏貼固定。

12 以針車鑽沾取苦甜巧克力，在眼睛中間畫出八字形，為嘴巴。

13 以針車鑽後端沾取苦甜巧克力點在八字形頂端，為鼻子。

14 取下耳朵後，以針車鑽後端沾取白巧克力，塗抹在頭頂兩側後，放上耳朵以黏貼固定。

15 取下雙腳後，以針車鑽後端沾取白巧克力，塗抹在雙腳背面，並放在嘴巴下方兩側黏貼固定。

16 以草莓巧克力在眼睛下方擠出橫線，為腮紅，即完成柴犬造型巧克力殼。

17 將大型半圓慕斯放入柴犬造型巧克力殼中，即可享用。

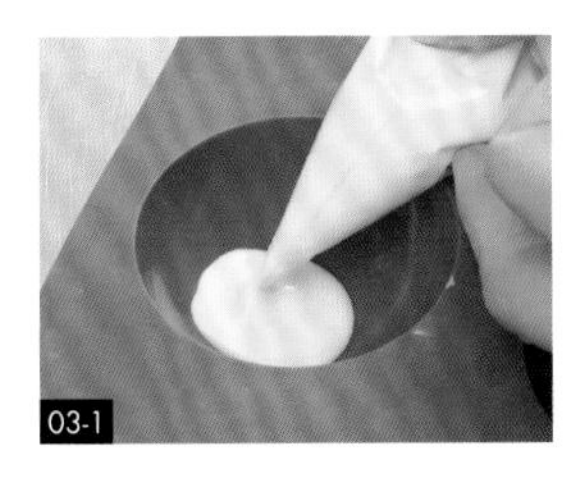
03-1

03-2

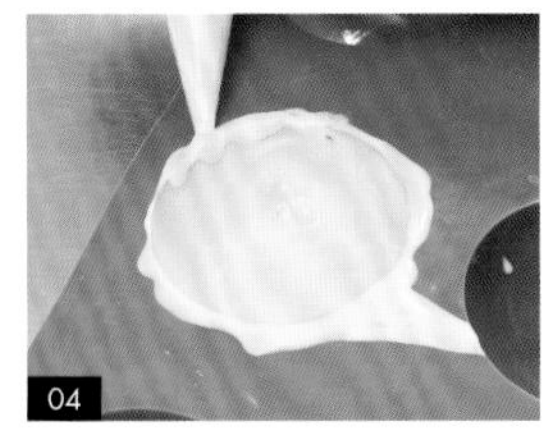
04

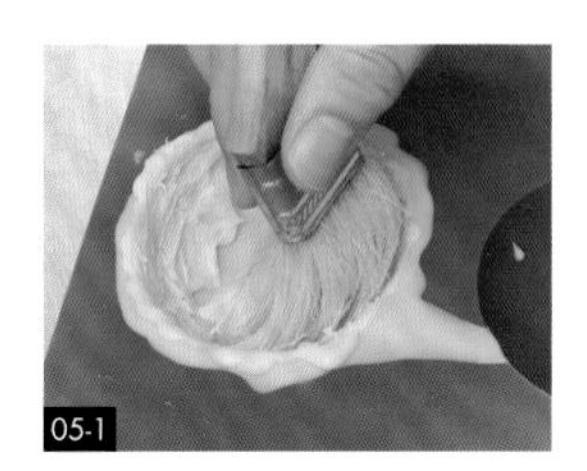
05-1

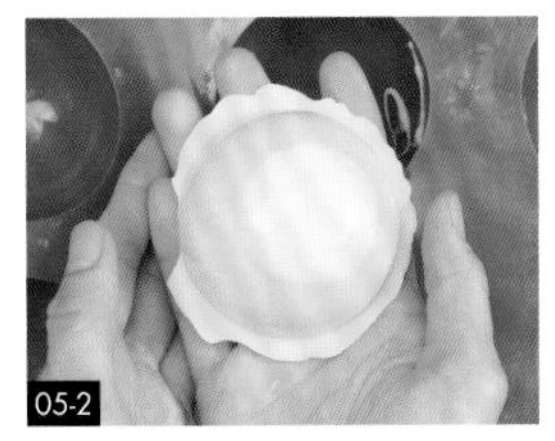
05-2

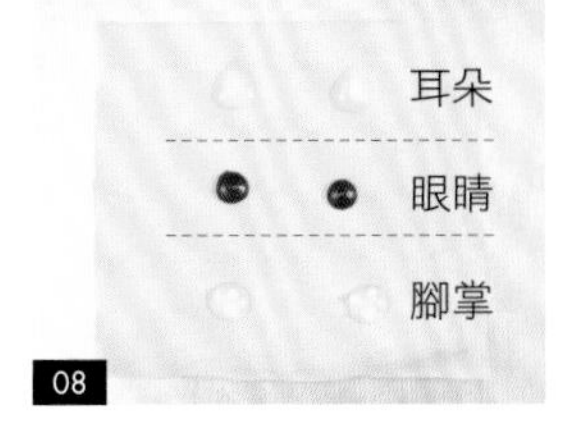

08

16

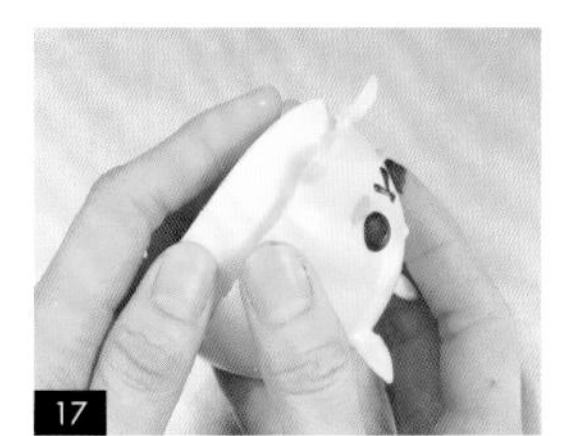
17

Toffee No.25

◆ 牛奶糖製作

抹茶牛奶糖

保存方式 常溫密封保存1個月。 **裁切時機** 冷卻後裁切。

INGREDIENTS 材料

① 無鹽奶油	50g	⑤ 水麥芽	250g
② 抹茶粉	20g	⑥ 煉奶	100cc
③ 糖霜（剝小塊） （可參考糖霜製作 P.16。）	50g	⑦ 細砂糖	170g
		⑧ 鹽巴	5g
④ 飲用水	75cc	⑨ 小蘇打粉	1g

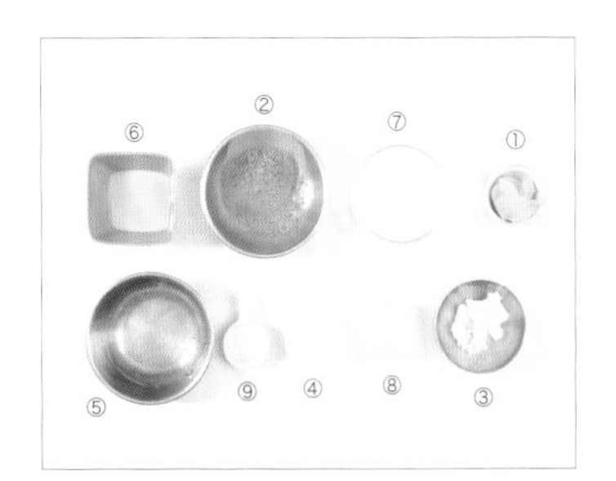

STEP BY STEP 步驟

前置作業

01 用手將糖霜剝成小塊，備用。

02 將烤箱預熱至上火100度、下火100度。

03 將無鹽奶油以微波爐加熱融化後，備用。

04 將融化的無鹽奶油、抹茶粉混合後拌勻，蓋上保鮮膜，並放入已預熱好的烤箱中保溫，為抹茶奶油，備用。

糖漿製作

05 準備一空鍋，依序倒入飲用水、水麥芽、煉奶、細砂糖、鹽巴、小蘇打粉，再開火。

⇒ 先加入液態材料，再加入固態材料。

06 在鍋中放入探針以測量溫度，待溫度升至119度時關火，為糖漿。

⇒ 勿攪拌糖漿，以免反砂。

07 將糖漿倒入鋼盆中，取桌上型電動攪拌機以中速打3分鐘至顏色逐漸變白。

01

03

04

05

06

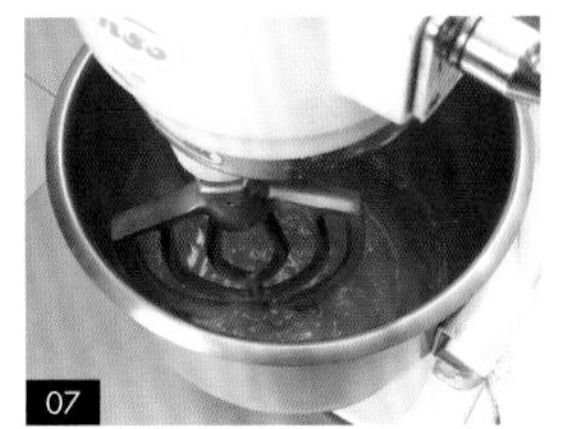
07

08 取出保溫的抹茶奶油，並加入鋼盆中攪拌均勻，以中速打勻。

09 沿著鋼盆邊緣加入½糖霜，使糖霜平均分布後，以中速打至均勻。

⇨ 分次加入糖霜，成品口感更佳。

10 加入剩下的½糖霜，並以中速打至均勻，即完成抹茶糖漿。

11 將不沾黏矽膠墊平放在整形盤上後，以烤盤油在整形盤、擀麵棍、刮板、雙手上噴油，以防止沾黏。

12 取下桌上型電動攪拌機的槳狀攪拌器，並以刮板將攪拌器上的抹茶糖漿刮下。

13 以無鹽奶油塗抹鋼盆盆壁，以防止倒出時抹茶糖漿沾黏。

⇨ 只須塗抹抹茶糖漿倒出時與盆壁的接觸面。

14 以刮板為輔助，將抹茶糖漿刮入整形盤中。

15 以刮板、擀麵棍、烘焙布為輔助，將抹茶糖漿整平，靜置凝固。

脫模及裁切

16 在切糖刀表面抹上無鹽奶油（或烤盤油）後，以烤盤油在砧板、雙手上噴油，以防止抹茶牛奶糖沾黏。

17 將靜置後的抹茶牛奶糖取出。

18 以切糖刀將抹茶牛奶糖切成塊狀，即可享用。

抹茶牛奶糖
製作動態影片
QRcode

08

09

13

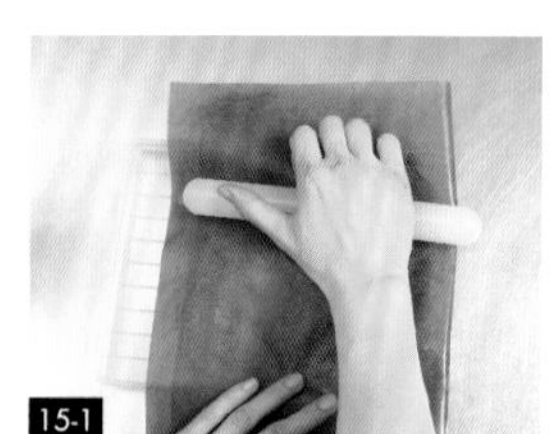

15-1

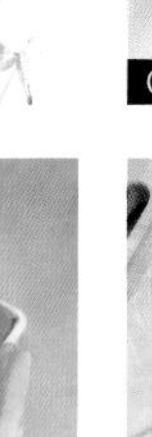

15-2

18

Toffee No.26

◆ 牛奶糖製作

奶茶牛奶糖

INGREDIENTS 材料

① 紅茶粉 a 2g
② 糖霜（剁小塊） 50g
（可參考糖霜製作 P.16。）
③ 飲用水 75cc
④ 水麥芽 250g
⑤ 煉奶 100cc
⑥ 細砂糖 200g
⑦ 紅茶粉 b 4g
⑧ 無鹽奶油 50g
⑨ 鹽巴 5g
⑩ 小蘇打粉 1g

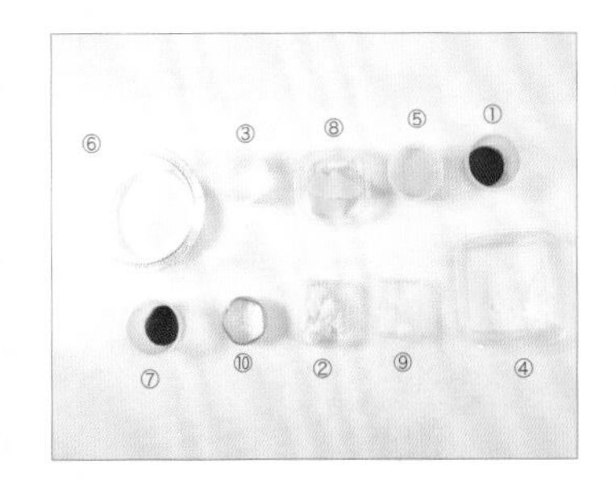

保存方式 常溫密封保存1個月。

裁切時機 冷卻後裁切。

STEP BY STEP 步驟

前置作業

01 將烤箱預熱至上火60度、下火60度。

02 將紅茶粉a蓋上保鮮膜，並放入已預熱好的烤箱中保溫，備用。

03 用手將糖霜剝成小塊，備用。

糖漿製作

04 準備一空鍋，依序倒入飲用水、水麥芽、煉奶、細砂糖、紅茶粉b、無鹽奶油、小蘇打粉、鹽巴，再開火。

⇒ 先加入液態材料，再加入固態材料。

05 在鍋中放入探針以測量溫度，待溫度升至119度時關火，為糖漿。

⇒ 勿攪拌糖漿，以免反砂。

06 將糖漿倒入鋼盆中，取桌上型電動攪拌機以中速打3分鐘。

07 取出保溫的紅茶粉a，並加入鋼盆中，以中速打至均勻。

08 沿著鋼盆邊緣加入½糖霜，使糖霜平均分布，以中速打至均勻。

⇒ 分次加入糖霜，成品口感更佳。

09 加入剩下的½糖霜，並以中速打至均勻，即完成奶茶糖漿。

10 將不沾黏矽膠墊平放在整形盤上後，以烤盤油在整形盤、擀麵棍、刮板上噴油，以防止沾黏。

11 取下桌上型電動攪拌機的槳狀攪拌器，並以刮板將攪拌器上的奶茶糖漿刮下。

12 以無鹽奶油塗抹雙手及鋼盆盆壁，以防止倒出時奶茶糖漿沾黏。

⇒ 只須塗抹奶茶糖漿倒出時與盆壁的接觸面。

04

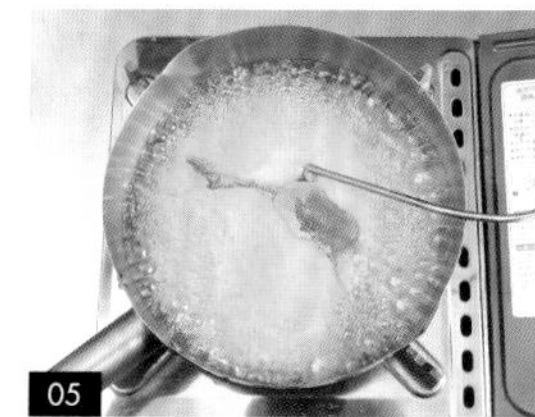
05

08

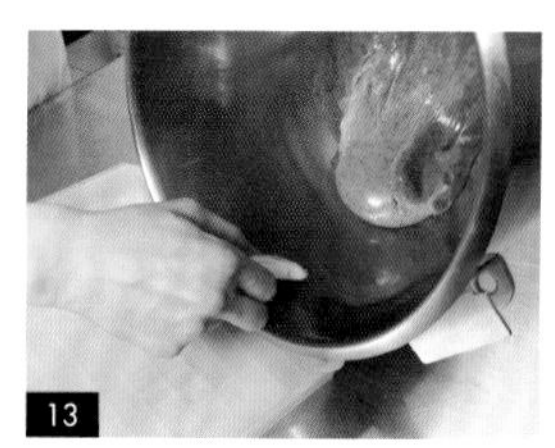
13

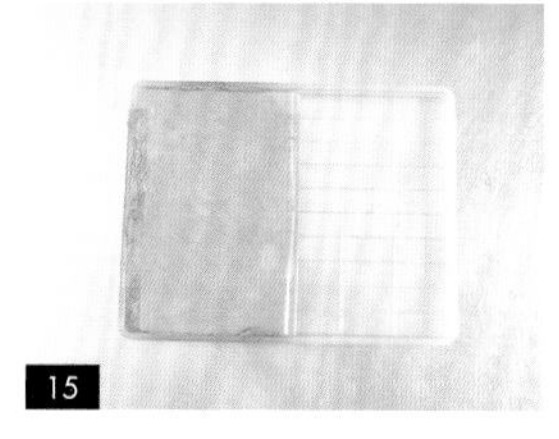
15

19

13 以刮板將奶茶糖漿刮入整形盤中。

14 以刮板、擀麵棍、不沾黏矽膠墊為輔助，將奶茶糖漿整平，靜置凝固。

脫模及裁切

15 在切糖刀表面抹上無鹽奶油（或烤盤油）。

16 將靜置後的奶茶牛奶糖取出。

17 以切糖刀將奶茶牛奶糖切成塊狀，即可享用。

奶茶牛奶糖
製作動態影片
QRcode

Toffee No.27

◆ 牛奶糖製作

泰式奶茶牛奶糖

INGREDIENTS 材料

① 泰式紅茶粉 a 5g
② 飲用水 110cc
③ 泰式紅茶粉 b 4g
④ 糖霜（剝小塊）........ 50g
（可參考糖霜製作 P.16。）
⑤ 水麥芽 250g
⑥ 煉奶 100cc
⑦ 無鹽奶油 50g
⑧ 鹽巴 5g
⑨ 細砂糖 200g
⑩ 小蘇打粉 1g

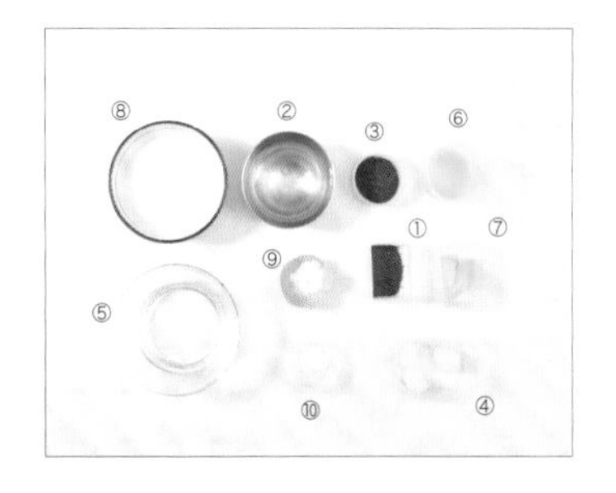

保存方式 常溫密封保存1個月。

裁切時機 冷卻後裁切。

STEP BY STEP 步驟

前置作業

01 將烤箱預熱至上火80度、下火80度。

02 準備一空鍋，依序倒入泰式紅茶粉a、飲用水，開火煮2分鐘。

03 關火，並將盤子蓋在鍋上，燜3分鐘後，即為泰式紅茶。

04 另取一空碗，以篩網為輔助，過篩90cc的泰式紅茶，備用。

05 將泰式紅茶粉b蓋上保鮮膜後，放入已預熱好的烤箱中保溫，備用。

06 將糖霜剝成小塊，備用。

糖糊製作

07 準備一空鍋，依序倒入90cc的泰式紅茶、水麥芽、煉奶、無鹽奶油、鹽巴、細砂糖、小蘇打粉，再開火。

⇨ 先加入液態材料，再加入固態材料。

08 在鍋中放入探針以測量溫度，待溫度升至119度時關火，為糖漿。

⇨ 勿攪拌糖漿，以免反砂。

09 將糖漿倒入鋼盆中，取桌上型電動攪拌機以中速打3分鐘。

10 取出保溫的泰式紅茶粉b，並加入鋼盆中，以中速打至均勻。

11　沿著鋼盆邊緣加入½糖霜，使糖霜平均分布，以中速打至均勻。

⇒ 分次加入糖霜，成品口感更佳。

12　加入剩下的½糖霜，並以中速打至均勻，即完成泰式奶茶糖漿。

13　將不沾黏矽膠墊平放在整形盤上，以烤盤油在整形盤、刮板、雙手上噴油，以防止沾黏。

14　取下桌上型電動攪拌機的槳狀攪拌器，並以刮板將攪拌器上的泰式奶茶糖漿刮下。

15　以無鹽奶油塗抹雙手及鋼盆盆壁，以防止倒出時泰式奶茶糖漿沾黏。

⇒ 只須塗抹泰式奶茶糖漿倒出時與盆壁的接觸面。

16　以刮板為輔助，將泰式奶茶糖漿刮入整形盤中。

17　以刮板、擀麵棍、烘焙布為輔助，將泰式奶茶糖漿整平，靜置凝固。

脫模及裁切

18　在切糖刀表面抹上無鹽奶油（或烤盤油）後，以防止泰式奶茶牛奶糖沾黏。

19　將靜置後的泰式奶茶牛奶糖取出。

20　以切糖刀將泰式奶茶牛奶糖切成塊狀，即可享用。

泰式奶茶牛奶糖
製作動態影片
QRcode

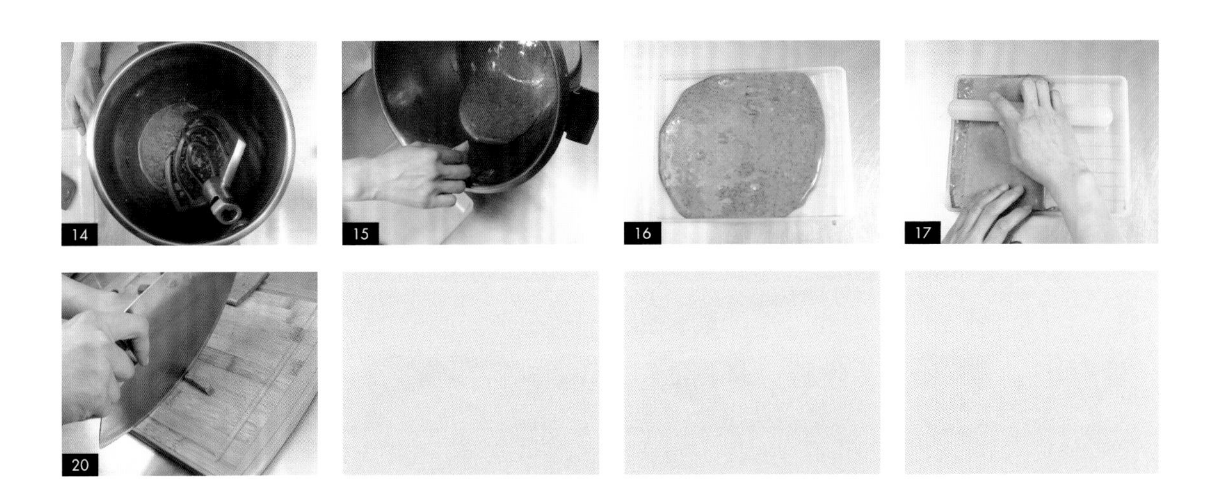

Toffee No.28

◆ 牛奶糖製作

巧克力牛奶糖

保存方式 常溫密封保存1個月。　裁切時機 冷卻後裁切。

INGREDIENTS 材料

① 無鹽奶油 50g
② 可可粉 20g
③ 糖霜 50g
（可參考糖霜製作 P.16。）
④ 飲用水 75cc
⑤ 水麥芽 200g
⑥ 煉奶 100cc
⑦ 細砂糖 200g
⑧ 鹽巴 5g
⑨ 小蘇打粉 1g
⑩ 苦甜巧克力 25g

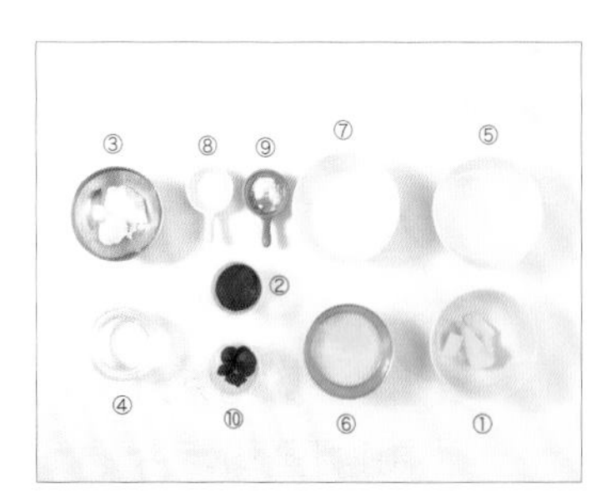

STEP BY STEP 步驟

前置作業

01 將烤箱預熱至上火80度、下火80度。

02 將無鹽奶油以微波爐加熱融化後，備用。

03 將無鹽奶油、可可粉混合後拌勻，蓋上保鮮膜，並放入已預熱好的烤箱中保溫，為巧克力醬，備用。

04 用手將糖霜剝成小塊，備用。

糖糊製作

05 準備一空鍋，依序倒入飲用水、水麥芽、煉奶、細砂糖、鹽巴、小蘇打粉，再開火。

⇒ 先加入液態材料，再加入固態材料。

06 在鍋中放入探針以測量溫度，待溫度升至119度時關火，為糖漿。

⇒ 勿攪拌糖漿，以免反砂。

02

03

05

06

07　將糖漿倒入鋼盆中，取桌上型電動攪拌機以中速打3分鐘。

08　取出保溫的巧克力醬，並加入鋼盆中，以中速打至均勻。

09　加入苦甜巧克力，以中速打至均勻。

10　沿著鋼盆邊緣加入½糖霜，使糖霜平均分布，以中速打至均勻。

⇒ 分次加入糖霜，成品口感更佳。

11　加入剩下的½糖霜，並以中速打至均勻，即完成巧克力糖漿。

12　將不沾黏矽膠墊平放在整形盤上後，以烤盤油在矽膠盤、擀麵棍、刮板、雙手上噴油，以防止沾黏。

13　取下桌上型電動攪拌機的槳狀攪拌器，並以刮板將攪拌器上的巧克力糖漿刮下。

14　以無鹽奶油塗抹鋼盆盆壁，以防止倒出時巧克力糖漿沾黏。

⇒ 只須塗抹巧克力糖漿倒出時與盆壁的接觸面。

15　以刮板為輔助，將巧克力糖漿刮入整形盤中。

16　以刮板、擀麵棍、矽膠墊為輔助，將巧克力糖漿整平，靜置凝固。

脫模及裁切

17　在切糖刀上噴烤盤油，以防止巧克力牛奶糖沾黏。

18　將靜置後的巧克力牛奶糖取出。

19　以切糖刀將巧克力牛奶糖切成塊狀，即可享用。

07

08

09

10

13

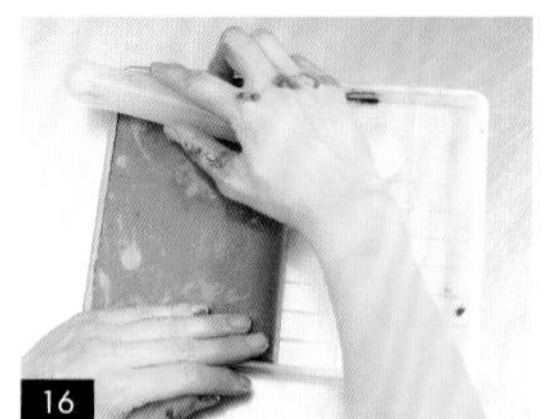
16

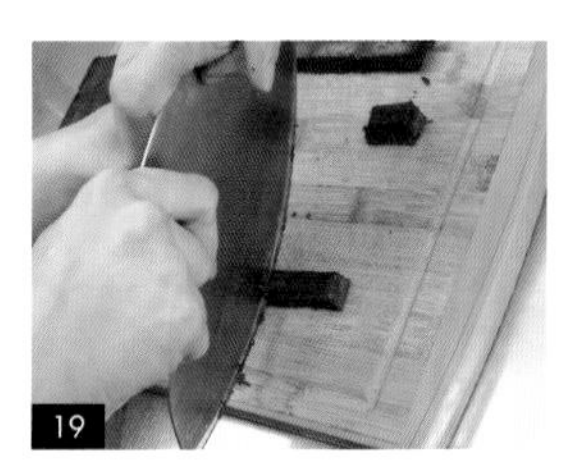
19

巧克力牛奶糖
製作動態影片
QRcode

葡萄口味嗨啾

INGREDIENTS 材料

① 飲用水 a 50 cc
② 吉利丁粉 20g
③ 無鹽奶油 100g
④ 全脂奶粉 50g
⑤ 飲用水 b 6cc
⑥ 檸檬酸 12g
⑦ 糖霜（剝小塊） 100g
（可參考糖霜製作 P.16。）
⑧ 葡萄濃縮果汁 150cc
⑨ 寒天粉 3g
⑩ 水麥芽 400g
⑪ 細砂糖 400g

保存方式 常溫密封保存1個月。

裁切時機 冷卻後裁切。

STEP BY STEP 步驟

前置作業

01 將烤箱預熱至上火60度、下火60度。

02 將飲用水a、吉利丁粉混合後拌勻，蓋上保鮮膜，並放入已預熱好的烤箱中保溫，為吉利丁水，備用。

⇒ 因吉利丁粉須時間融化，建議提早20分鐘準備。

03 將無鹽奶油以微波爐加熱融化。

04 將無鹽奶油、全脂奶粉混合後拌勻，蓋上保鮮膜，並放入已預熱好的烤箱中保溫，為牛奶奶油，備用。

05 將飲用水b、檸檬酸混合後拌勻，蓋上保鮮膜，並放入已預熱好的烤箱中保溫，為檸檬水，備用。

⇒ 檸檬酸可讓嗨啾不過度牽絲。

06 用手將糖霜剝成小塊，備用。

糖漿製作

07 準備一空鍋，依序倒入葡萄濃縮果汁、寒天粉後，以打蛋器拌勻後開火，並持續攪拌。

08 以打蛋器攪拌寒天葡萄汁，煮至水滾後，持續攪拌1分鐘。

09 加入水麥芽，以打蛋器持續攪拌。

⇒ 勿停止攪拌。

10 煮至水滾後，加入細砂糖，並以打蛋器攪拌均勻。

11 在鍋中放入探針，並持續攪拌，待溫度升至140度時關火，即完成葡萄糖水。

12 將葡萄糖水倒入鋼盆中，取桌上型電動攪拌機以低速打1～2分鐘，至顏色逐漸變白。

13 加入吉利丁水，先以中速稍微打勻葡萄糖水，再加入牛奶奶油以高速打約5分鐘。

02

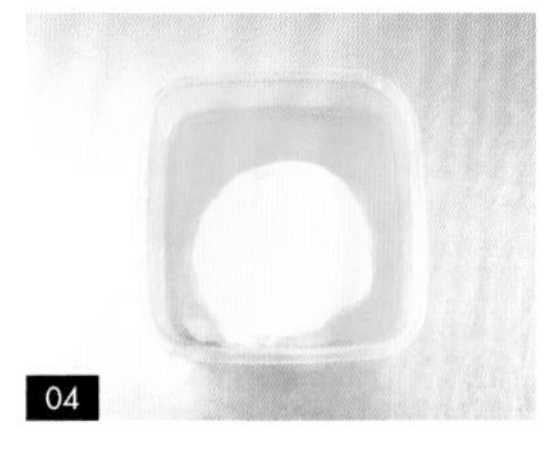
04

05

08

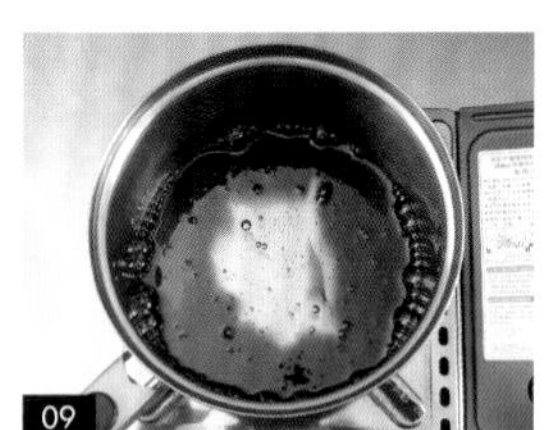
09

10

11

12

14　加入檸檬水，先以中速稍微打勻檸檬水，再以高速打勻。

15　沿著鋼盆邊緣加入½糖霜，使糖霜平均分布，並以中速將葡萄糖水打勻。

⇒ 分次加入糖霜，成品口感更佳。

16　加入剩下的½糖霜，以中速打勻，即完成葡萄糖漿。

17　將不沾黏矽膠墊平放在整形盤上後，以烤盤油在矽膠墊、刮板上噴油，雙手抹無鹽奶油，以防止沾黏。

18　取下桌上型電動攪拌機的槳狀攪拌器，並以刮板將攪拌器上的葡萄糖漿刮下。

19　以無鹽奶油塗抹鋼盆盆壁，以防止倒出時葡萄糖漿沾黏。

⇒ 只須塗抹葡萄糖漿倒出時與盆壁的接觸面。

20　以刮板為輔助，將葡萄糖漿刮入整形盤中。

21　將整形盤輕敲桌面，使糖漿分布均勻後，靜置凝固。

❀ 脫模及裁切

22　在切糖刀表面抹上無鹽奶油（或烤盤油）後，以烤盤油在砧板、雙手上噴油，以防止葡萄口味嗨啾沾黏。

23　將葡萄口味嗨啾取出。

24　以切糖刀將葡萄口味嗨啾切成塊狀，即可享用。

葡萄口味嗨啾
製作動態影片
QRcode

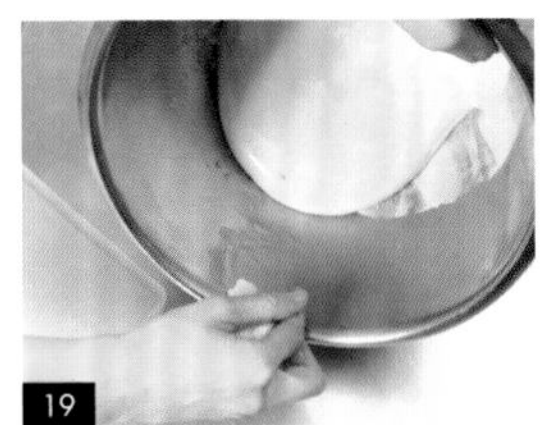

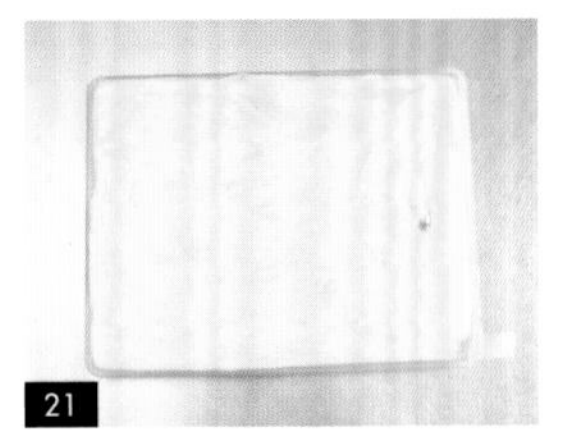

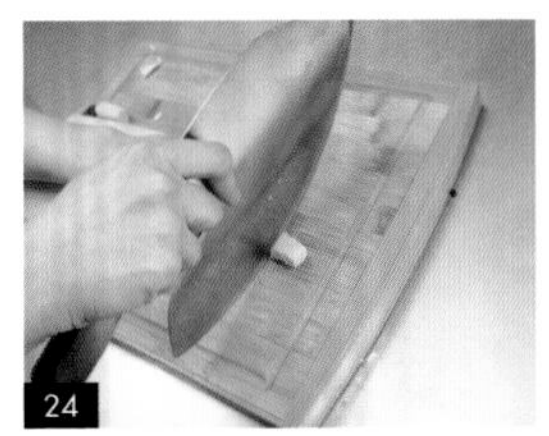

Hi-Chew No.30

◆ 嗨啾製作

珍奶嗨啾

INGREDIENTS 材料

① 紅茶包 2個
② 飲用水 a 190cc
③ 吉利丁粉 20g
④ 無鹽奶油 100g
⑤ 全脂奶粉 50g
⑥ 糖霜（剝小塊） 100g
（可參考糖霜製作 P.16。）
⑦ 飲用水 b 50cc
⑧ 寒天粉 3g
⑨ 水麥芽 400g
⑩ 細砂糖 400g
⑪ 鹽巴 5g
⑫ 紅茶粉 4g
⑬ 黑糖珍珠 100g

保存方式 常溫密封保存1個月。

裁切時機 冷卻後裁切。

STEP BY STEP 步驟

❀ 前置作業

01 將烤箱預熱至上火60度、下火60度。

02 準備一空鍋，倒入飲用水a後，放入紅茶包，開火煮2分鐘，關火。

03 將盤子蓋在鍋上，燜2分鐘後，取出紅茶茶包，即為濃縮紅茶，並分裝50cc的濃縮紅茶a及140cc的濃縮紅茶b。

04 取50cc的濃縮紅茶a，靜置冷卻，備用。

⇒ 須將濃縮紅茶恢復常溫後，再加入吉利丁粉，以免結塊。

05 將濃縮紅茶a、吉利丁粉混合後拌勻，蓋上保鮮膜，並放入已預熱好的烤箱中保溫，為吉利丁紅茶，備用。

⇒ 因吉利丁粉須時間融化，建議提早20分鐘準備。

06 將無鹽奶油以微波爐加熱至融化。

07 將融化的無鹽奶油、全脂奶粉混合後拌勻，蓋上保鮮膜，並放入已預熱好的烤箱中保溫，備用。

08 用手將糖霜剝成小塊，備用。

❀ 糖漿製作

09 準備一空鍋，依序倒入140cc濃縮紅茶b、飲用水b、寒天粉後，以打蛋器拌勻後開火，並持續攪拌，為寒天紅茶。

⇒ 須將濃縮紅茶恢復常溫後，再加入寒天粉，以免結塊。

10 以打蛋器攪拌寒天紅茶，煮至水滾後，持續攪拌1分鐘。

11 加入水麥芽，以打蛋器持續攪拌。

⇒ 勿停止攪拌。

12 煮至水滾後，再加入細砂糖、鹽巴，並以打蛋器攪拌均勻。

⇒ 鹽巴可提味，使嗨啾不死甜。

02

03

04

05

07

10

11

12

13 在鍋中放入探針，並持續攪拌，待溫度升至140度時關火，即完成奶茶糖水。

14 將奶茶糖水倒入鋼盆中，取桌上型電動攪拌機以低速打1～2分鐘，至顏色逐漸變白。

15 加入吉利丁紅茶，先以中速稍微打勻奶茶糖水，再加入牛奶奶油以高速打約5分鐘，至顏色逐漸變白。

16 沿著鋼盆邊緣加入½糖霜，使糖霜平均分布，並以中速將奶茶糖水打勻。

⇨ 分次加入糖霜，成品口感更佳。

17 加入剩下的½糖霜，以中速打勻。

18 加入紅茶粉，以中速打勻，即完成奶茶糖漿。

19 將耐熱塑膠袋平放在整形盤上後，以烤盤油在耐熱塑膠袋、刮板、擀麵棍上噴油，以防止沾黏。

20 取下桌上型電動攪拌機的槳狀攪拌器，並以刮板將攪拌器上的奶茶糖漿刮下。

21 以無鹽奶油塗抹鋼盆盆壁，以防止倒出時奶茶糖漿沾黏。

⇨ 只須塗抹奶茶糖漿倒出時與盆壁的接觸面。

22 以刮板為輔助，將奶茶糖漿刮入烤盤中後，以擀麵棍將奶茶糖漿擀至扁平。

⇨ 須將奶茶糖漿擀平至比一般軟糖更薄，以便在後續步驟進行對折。

23 將烤盤靜置常溫，待冷卻至40～50度後，將黑糖珍珠均勻撒在奶茶糖漿一側，並用手對折、壓平。

⇨ 將奶茶糖漿靜置待冷卻，以免高溫融化黑糖珍珠。

24 以擀麵棍為輔助，將奶茶糖漿加強擀平後，靜置凝固，為珍奶嗨啾。

❀ 脫模及裁切

25 在切糖刀表面抹上無鹽奶油（或烤盤油）後，以烤盤油在砧板、雙手上噴油，以防止珍奶嗨啾沾黏。

26 將靜置後的珍奶嗨啾取出，以切糖刀將珍奶嗨啾切成塊狀，即可享用。

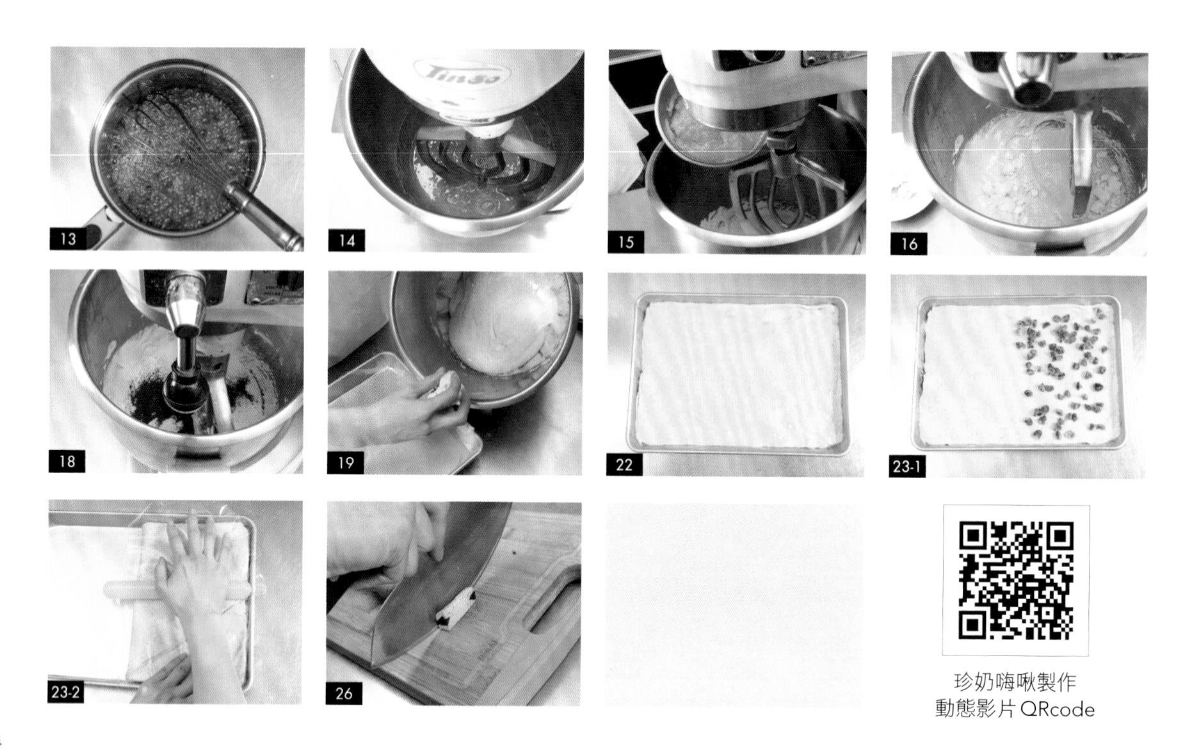

珍奶嗨啾製作
動態影片 QRcode

Hi-Chew No.31

◆ 嗨啾製作

雙層嗨啾

INGREDIENTS 材料

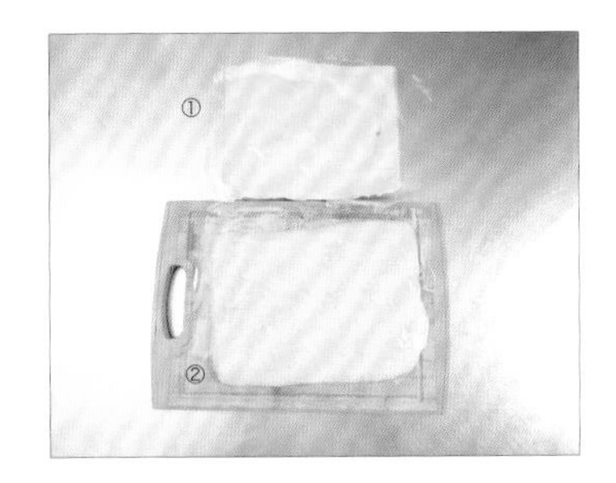

① 葡萄口味嗨啾　一個
（可參考葡萄口味嗨啾 P.109-111。）

② 珍奶口味嗨啾　一個
（可參考珍奶口味嗨啾 P.112-114。）

保存方式 常溫密封保存1個月。

裁切時機 冷卻後裁切。

STEP BY STEP 步驟

01 製作珍奶口味嗨啾與葡萄口味嗨啾。

02 將珍奶口味嗨啾放在葡萄口味嗨啾上，以結合兩層嗨啾，靜置冷卻後切成塊狀，即完成雙層嗨啾。

⇒ 須趁嗨啾凝固但還有餘溫時進行結合，以免溫度不足而無法結合。

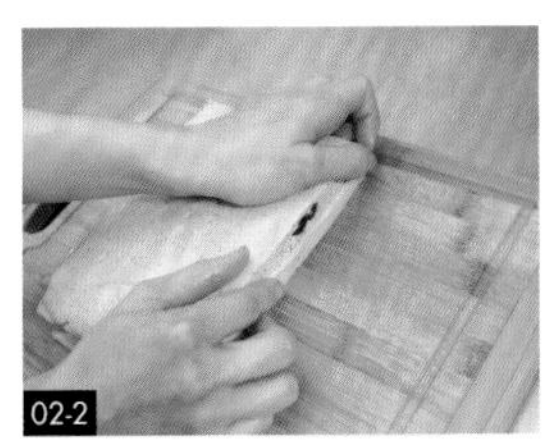

雙層嗨啾
製作動態影片
QRcode

Hi-Chew No.32

◆ 嗨啾製作

抹茶黑糖嗨啾

INGREDIENTS 材料

① 吉利丁粉 20g
② 飲用水 a 40cc
③ 無鹽奶油 100g
④ 全脂奶粉 30g
⑤ 抹茶粉 a 20g
⑥ 糖霜（剝小塊）100g
（可參考糖霜製作 P.16。）
⑦ 飲用水 b 50cc
⑧ 飲用水 c 100cc
⑨ 寒天粉 a 3g
⑩ 水麥芽 400g
⑪ 細砂糖 400g
⑫ 鹽巴 5g
⑬ 抹茶粉 b 10g
⑭ 黑糖珍珠 100g

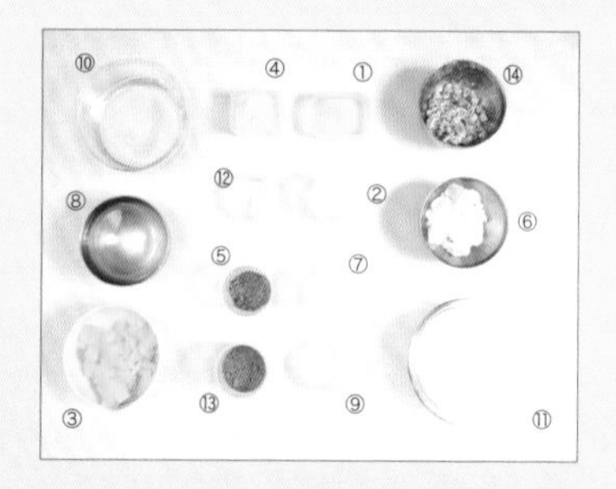

保存方式 常溫密封保存1個月。

裁切時機 冷卻後裁切。

STEP BY STEP 步驟

❀ 前置作業

01 將烤箱預熱至上火60度、下火60度。

02 將飲用水a、吉利丁粉混合後拌勻，蓋上保鮮膜，並放入已預熱好的烤箱中保溫，為吉利丁水，備用。

⇒ 因吉利丁粉須時間融化，建議提早20分鐘準備。

03 將無鹽奶油以微波爐加熱至融化。

04 將融化的無鹽奶油、全脂奶粉、抹茶粉a混合後拌勻，蓋上保鮮膜，並放入已預熱好的烤箱中保溫，為抹茶奶油，備用。

05 用手將糖霜剝成小塊，備用。

❀ 糖漿製作

06 準備一空鍋，依序倒入飲用水b、飲用水c、寒天粉a後，以打蛋器拌勻後開火，並持續攪拌。

07 以打蛋器攪拌寒天水，煮至水滾後，持續攪拌1分鐘。

08 加入水麥芽，以打蛋器持續攪拌。

⇒ 勿停止攪拌。

09 煮至水滾後，再加入½細砂糖、鹽巴，並以打蛋器攪拌均勻。

10 煮至水滾後，再加入剩下的½細砂糖，並以打蛋器攪拌均勻。

⇒ 鹽巴可提味，使嗨啾不死甜。

11 在鍋中放入探針，並持續攪拌，待溫度升至140度時關火，即完成糖水。

⇒ 寒天粉易結塊，須確認煮勻後，再進行下一步驟。

12 將糖水倒入鋼盆中後，取桌上型電動攪拌機以低速打約1～2分鐘，至顏色逐漸變白。

13 加入吉利丁水，先以低速稍微打勻糖水，再以中速打約2分鐘。

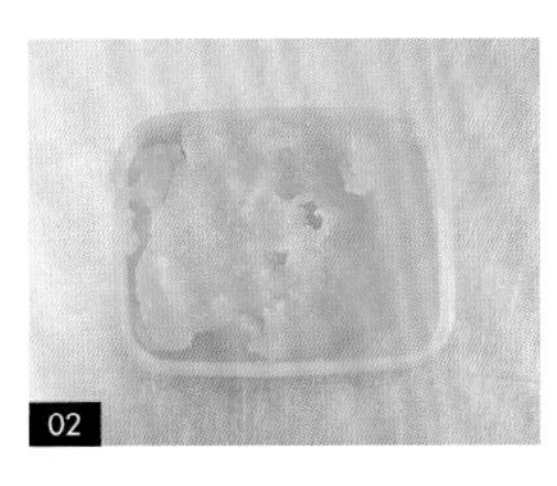
02

03

04

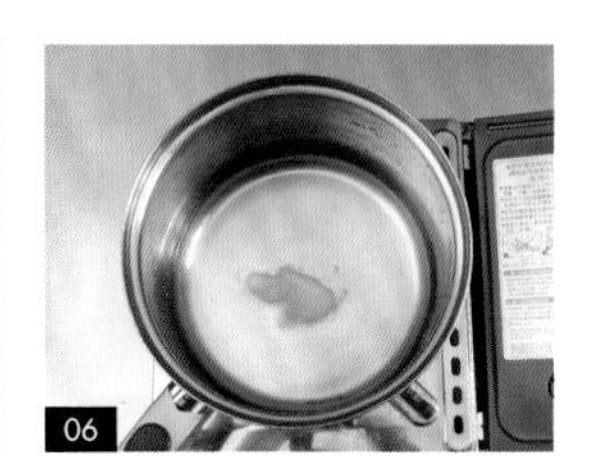
06

08

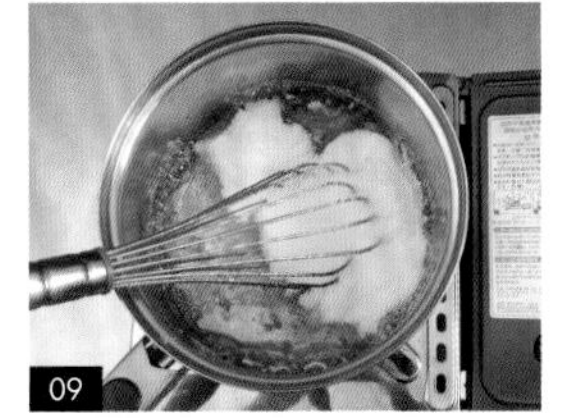
09

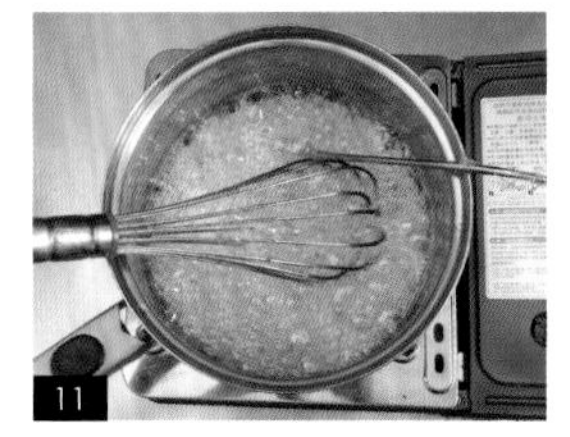
11

13

14　加入抹茶奶油，先以低速稍微打勻糖水，再以中速打約5分鐘。

15　加入抹茶粉b，以低速拌勻，為抹茶糖水。

16　沿著鋼盆邊緣加入½糖霜，使糖霜平均分布，以中速將糖水打勻。

分次加入糖霜，成品口感更佳。

17　加入剩下的½糖霜，以中速打勻，即完成抹茶糖漿。

18　將不沾黏烘焙墊平放在整形盤上，以烤盤油在矽膠墊、刮板噴油，以防止沾黏；雙手抹無鹽奶油。

19　取下桌上型電動攪拌機的槳狀攪拌器，並以刮板將攪拌器上的抹茶糖漿刮下。

20　以無鹽奶油塗抹鋼盆盆壁，以防止倒出時抹茶糖漿沾黏。

只須塗抹抹茶糖漿倒出時與盆壁的接觸面。

21　以刮板為輔助，將抹茶糖漿刮入烤盤中。

22　以擀麵棍、矽膠墊、刮板為輔助，將抹茶糖漿擀至扁平。

須將抹茶糖漿擀平至比一般軟糖更薄，以便在後續步驟進行對折。

23　將烤盤靜置常溫待冷卻至40～50度。

將抹茶糖漿靜置待冷卻，以免高溫融化黑糖珍珠。

24　將黑糖珍珠均勻撒在抹茶糖漿一側後，並用手折平、壓平。

25　用手將抹茶糖漿加強壓平後，靜置凝固。

❀ 脫模及裁切

26　在切糖刀表面抹上無鹽奶油（或烤盤油）後，以烤盤油在砧板、雙手上噴油，以防止抹茶黑糖嗨啾沾黏。

27　將靜置後的抹茶黑糖嗨啾取出。

28　以切糖刀將抹茶黑糖嗨啾切成塊狀，即可享用。

抹茶黑糖嗨啾
製作動態影片
QRcode

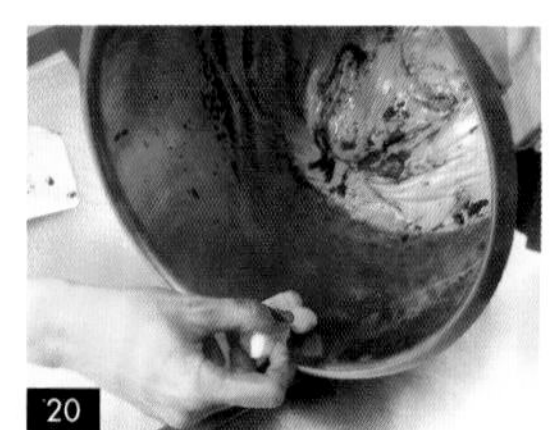

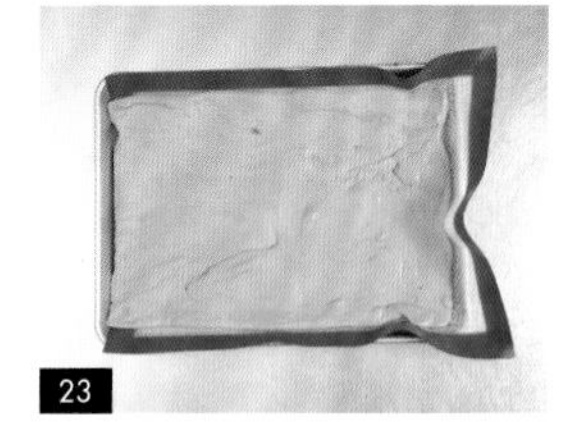

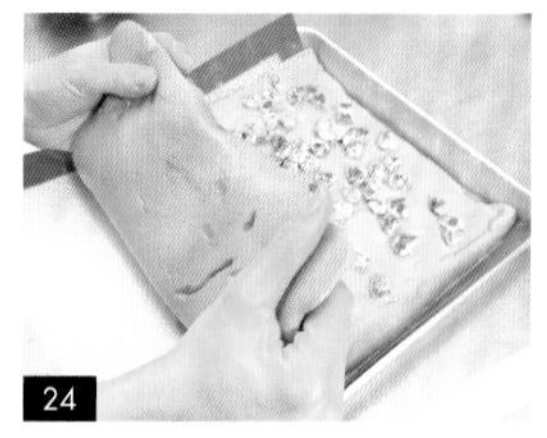

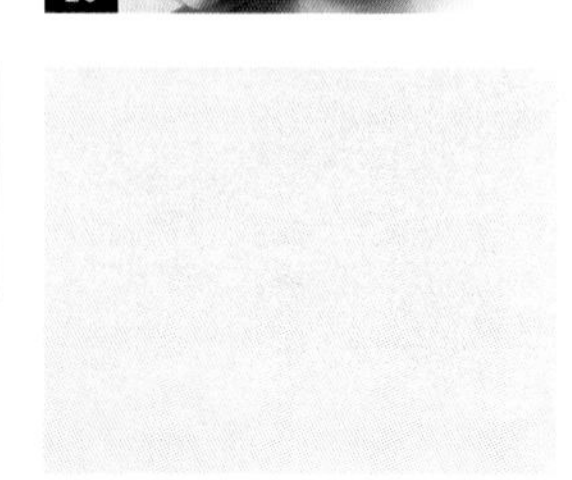

Hi-Chew No.33

◆ 嗨啾製作

芋香嗨啾

保存方式 常溫密封保存1個月。

裁切時機 冷卻後裁切。

INGREDIENTS 材料

① 吉利丁粉 20g
② 飲用水a 40cc
③ 無鹽奶油 80g
④ 全脂奶粉 20g
⑤ 紫薯粉a 20g
⑥ 糖霜（剝小塊） 100g
（可參考糖霜製作 P.16。）
⑦ 麻糬（剪小塊） 100g
⑧ 飲用水b 50cc
⑨ 寒天粉 3g
⑩ 水麥芽 380g
⑪ 細砂糖 380g
⑫ 鹽巴 5g
⑬ 芋泥 200g
⑭ 紫薯粉b 10g

STEP BY STEP 步驟

前置作業

01 將烤箱預熱至上火60度、下火60度。

02 將吉利丁粉、飲用水a混合後拌勻，蓋上保鮮膜，並放入已預熱好的烤箱中保溫，為吉利丁水，備用。

⇒ 因吉利丁粉須時間融化，建議提早20分鐘準備。

03 將無鹽奶油以微波爐加熱至融化。

04 將融化的無鹽奶油、全脂奶粉、紫薯粉a混合後拌勻，蓋上保鮮膜，並放入已預熱好的烤箱中保溫，為紫薯奶油，備用。

05 用手將糖霜剝成小塊；以剪刀將麻糬剪成小塊，備用。

02

04

06

08

❀ 糖漿製作

06　準備一空鍋，依序倒入飲用水b、寒天粉後，以打蛋器拌勻後開火，並持續攪拌，為寒天水。

07　以打蛋器攪拌寒天水，煮至水滾後，持續攪拌1分鐘。

08　加入水麥芽，以打蛋器持續攪拌。

⇒ 勿停止攪拌。

09　煮至水滾後，再加入½細砂糖，並以打蛋器攪拌均勻。

10　煮至水滾後，再加入剩下的½細砂糖、鹽巴，並以打蛋器攪拌均勻。

⇒ 鹽巴可提味，使嗨啾不死甜。

11　加入芋泥，並以打蛋器攪拌均勻。

12　在鍋中放入探針，並持續攪拌，待溫度升至140度時關火，即完成紫芋糖水。

⇒ 寒天粉易結塊，須確認煮勻後，再進行下一步驟。

13　將紫芋糖漿倒入鋼盆中，取桌上型電動攪拌機以中速打約1～2分鐘。

14　加入吉利丁水，先以低速稍微打勻紫芋糖水，再以中速打約2分鐘。

15　加入紫薯奶油，先以低速稍微攪拌紫芋糖水，再以中速打約5分鐘至顏色逐漸泛白。

16　加入紫薯粉b，以低速打勻。

17　沿著鋼盆邊緣加入½糖霜，使糖霜平均分布，以中速將紫芋糖水打勻。

⇨ 分次加入糖霜，成品口感更佳。

18　加入剩下的½糖霜，以中速打勻，即完成紫芋糖漿。

19　以無鹽奶油塗抹雙手，並以烤盤油在矽膠墊、擀麵棍、刮板上噴油，以防止沾黏。

20　取下桌上型電動攪拌機的槳狀攪拌器，並以刮板將攪拌器上的紫芋糖漿刮下。

21　以無鹽奶油塗抹鋼盆盆壁，以防止倒出時紫芋糖漿沾黏。

⇨ 只須塗抹紫芋糖漿倒出時與盆壁的接觸面。

22　以刮板為輔助，將紫芋糖漿刮入烤盤中。

23　以矽膠墊、擀麵棍為輔助，將紫芋糖漿擀至扁平。

⇨ 須將紫芋糖漿擀平至比一般軟糖更薄，以便在後續步驟進行對折。

24　將烤盤靜置常溫待冷卻至40～50度。

25　將麻糬均勻撒在紫芋糖漿一側後，將紫芋糖漿對折，並用手壓平結合，靜置凝固。

❀ 脫模及裁切

26　在切糖刀表面抹上無鹽奶油（或烤盤油）後，以防止芋香嗨啾沾黏。

27　將靜置後的芋香嗨啾取出。

28　以切糖刀將芋香嗨啾切成塊狀，即可享用。

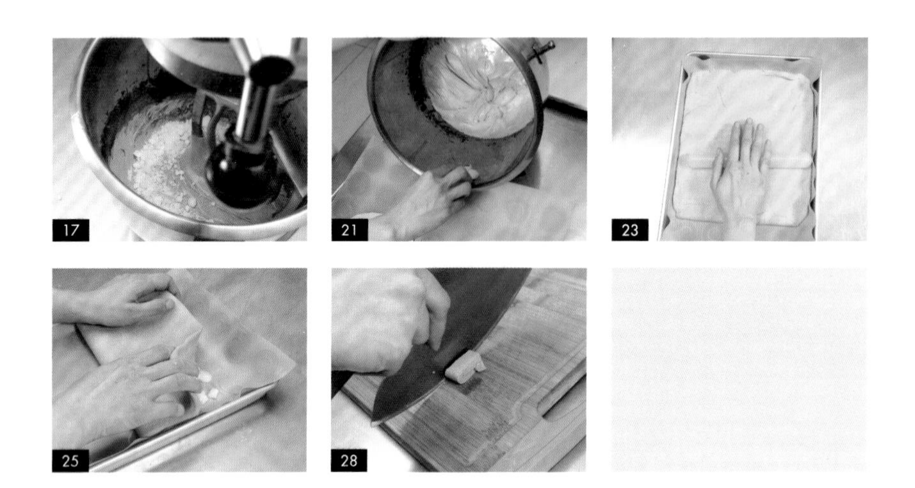

芋香嗨啾製作
動態影片 QRcode

Nougat No.34

◆ 牛軋糖製作

花生牛軋糖

保存方式 常溫密封保存1個月。　**裁切時機** 冷卻後裁切。

INGREDIENTS 材料

① 無鹽奶油	100g	⑥ 細砂糖 a	300g
② 全脂奶粉	100g	⑦ 鹽巴	8g
③ 烤熟花生	200g	⑧ 蛋白	50g
④ 飲用水	100cc	⑨ 細砂糖 b	50g
⑤ 水麥芽	300g		

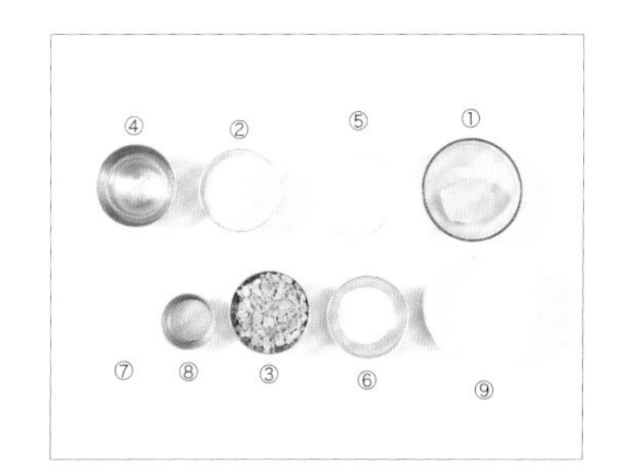

STEP BY STEP 步驟

前置作業

01 將烤箱預熱至上火80度、下火80度。

02 將無鹽奶油以微波爐加熱融化後，備用。

03 將融化的無鹽奶油、全脂奶粉混合後拌勻，蓋上保鮮膜，並放入已預熱好的烤箱中保溫，為牛奶奶油，備用。

04 將烤熟花生放入已預熱好的烤箱中保溫，備用。

糖漿製作

05 準備一空鍋，依序倒入飲用水、水麥芽、細砂糖a、鹽巴，再開火。

⇨ 先加入液態材料，再加入固態材料

06 在鍋中放入探針以測量溫度，待溫度升至110度時，開始打發蛋白，並持續加熱糖漿至130度。

⇨ 勿攪拌糖漿，以免反砂。

07 將蛋白倒入鋼盆中，取桌上型電動攪拌機以球狀攪拌器中速打發至蛋白呈大泡泡狀態。

08 加入½細砂糖b，並以中速打至呈細緻狀態。

09 加入剩下的½細砂糖b，並以中速打勻。

10 加入⅓的130度糖漿到鋼盆中，並以中速打勻。

⇒ 須盡快打發，以免消泡。

11 加入剩下的⅔糖漿，並以中速打5分鐘。

12 取出保溫的牛奶奶油，加入鋼盆中，以中速打勻。

13 取出保溫的烤熟花生並加入鋼盆中，稍微攪拌均勻，即完成花生糖漿。

14 將烘焙布平放在整形盤上，以無鹽奶油在整形盤、刮板、雙手抹油，擀麵棍噴烤盤油，以防止沾黏。

15 取下桌上型電動攪拌機的球狀攪拌器，並以刮板將攪拌器上的花生糖漿刮下。

16 以無鹽奶油塗抹鋼盆盆壁，以防止倒出時花生糖漿沾黏。

⇒ 只須塗抹花生糖漿倒出時與盆壁的接觸面。

17 以刮板為輔助，將花生糖漿刮入整形盤中。

18 以刮板、擀麵棍、烘焙布為輔助，將花生糖漿整平，靜置凝固。

❀ 脫模及裁切

19 在切糖刀及雙手上噴烤盤油，以防止花生牛軋糖沾黏。

20 將靜置後的花生牛軋糖取出。

21 以切糖刀將花生牛軋糖切成塊狀，即可享用。

花生牛軋糖
製作動態影片
QRcode

11

12

13

15

16

17

18

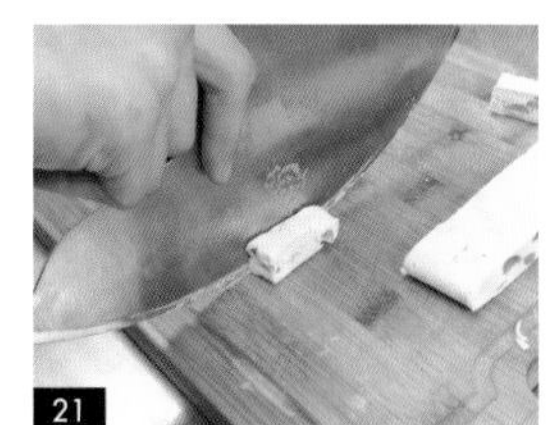

21

抹茶杏仁牛軋糖

INGREDIENTS 材料

① 烤熟杏仁	300g	⑦ 水麥芽	600g
② 無鹽奶油	100g	⑧ 鹽巴	8g
③ 全脂奶粉	100g	⑨ 蛋白	50g
④ 抹茶粉	30g	⑩ 細砂糖 b	50g
⑤ 細砂糖 a	300g		
⑥ 飲用水	100cc		

保存方式 常溫密封保存1個月。

裁切時機 冷卻後裁切。

STEP BY STEP 步驟

❀ 前置作業

01 將烤箱預熱至上火80度、下火80度。

02 將烤熟杏仁放入已預熱好的烤箱中保溫，備用。

03 將無鹽奶油以微波爐加熱融化後，備用。

04 將融化的無鹽奶油、全脂奶粉、抹茶粉混合後拌勻，蓋上保鮮膜，並放入已預熱好的烤箱中保溫，為抹茶奶油，備用。

❀ 糖漿製作

05 準備一空鍋，依序倒入飲用水、水麥芽、細砂糖a、鹽巴，再開火。

⇨ 先加入液態材料，再加入固態材料。

06 在鍋中放入探針以測量溫度，待溫度升至110度時，開始打發蛋白，並持續加熱糖漿至130度。

⇨ 勿攪拌糖漿，以免反砂。

07 將蛋白倒入鋼盆中，取桌上型電動攪拌機以球狀攪拌器中速打發至蛋白呈大泡泡狀態。

08 加入½細砂糖b，並以中速打至呈細緻狀態。

09 加入剩下的½細砂糖b，以中速打勻。

10 加入⅓的130度糖漿，以中速打勻。

11 加入剩下的⅔糖漿，以中速打5分鐘。

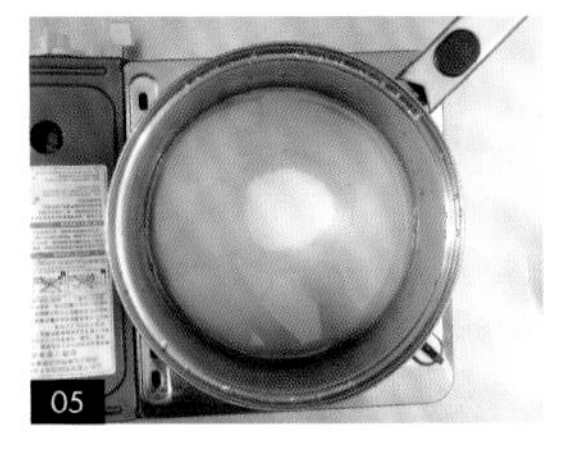

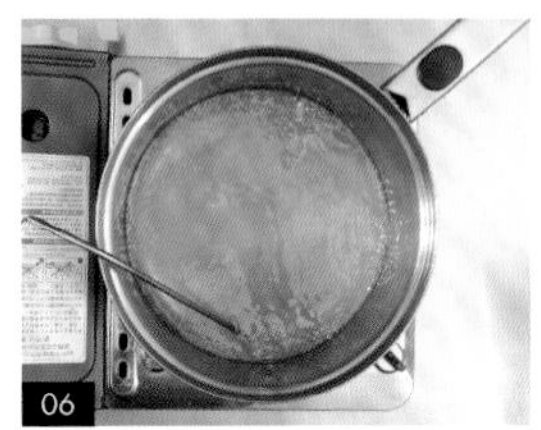

12 取出保溫的抹茶奶油，加入鋼盆中，以中速打勻。

13 取出烤熟杏仁並加入鋼盆中，稍微攪拌均勻，即完成抹茶杏仁糖漿。

14 將矽膠墊平放在整形盤上後，以無鹽奶油在刮板、雙手抹油，擀麵棍上噴油，以防止沾黏。

15 取下桌上型電動攪拌機的球狀攪拌器，並以刮刀將攪拌器上的抹茶杏仁糖漿刮下。

16 以無鹽奶油塗抹鋼盆盆壁，以防止倒出時抹茶杏仁糖漿沾黏。

只須塗抹抹茶杏仁糖漿倒出時與盆壁的接觸面。

17 以刮板為輔助，將抹茶杏仁糖漿刮入整形盤中。

18 以刮板、擀麵棍、不沾黏烘焙墊為輔助，將抹茶杏仁糖漿按壓均勻後，靜置凝固。

脫模及裁切

抹茶杏仁牛軋糖製作動態影片 QRcode

19 在切糖刀及雙手上噴烤盤油，以防止抹茶杏仁牛軋糖沾黏。

20 將抹茶杏仁牛軋糖取出。

21 以切糖刀將抹茶杏仁牛軋糖切成塊狀，即可享用。

12

13

16

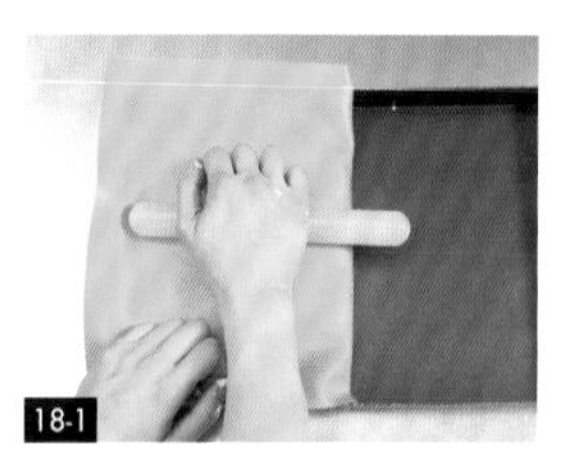

18-1

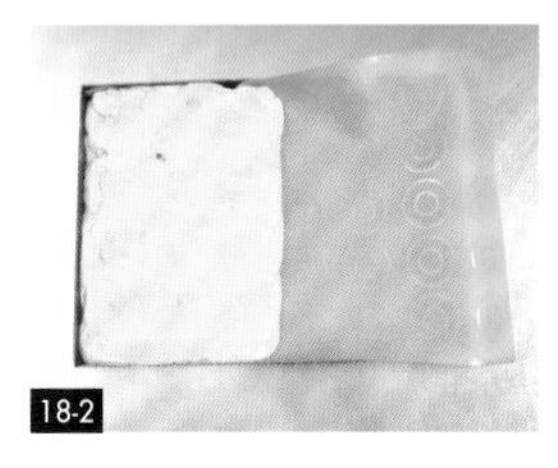

18-2

21

Nougat No.36

• 牛軋糖製作

咖啡核桃牛軋糖

INGREDIENTS 材料

① 烤熟核桃 300g	⑦ 水麥芽 300g
② 即溶咖啡粉 20g	⑧ 細砂糖 a 400g
③ 咖啡酒 20cc	⑨ 鹽巴 8g
④ 無鹽奶油 100g	⑩ 蛋白 50g
⑤ 全脂奶粉 100g	⑪ 細砂糖 b 50g
⑥ 飲用水 100cc	

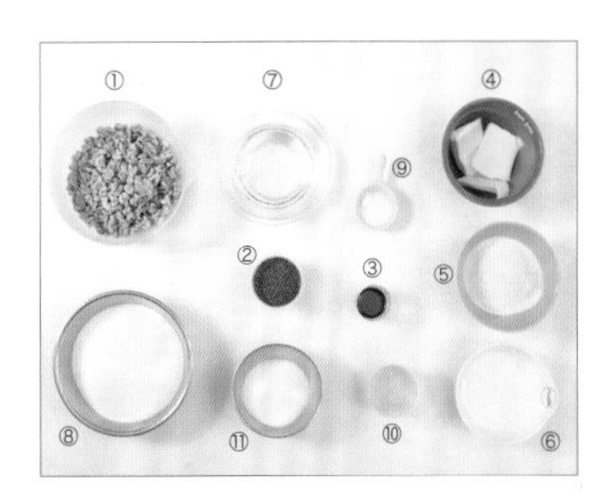

保存方式 常溫密封保存1個月。

裁切時機 冷卻後裁切。

STEP BY STEP 步驟

前置作業

01 將烤箱預熱至上火80度、下火80度。

02 將烤熟核桃放入已預熱好的烤箱中保溫，備用。

03 將即溶咖啡粉、咖啡酒混合後拌勻，蓋上保鮮膜，並放入已預熱好的烤箱中保溫，為咖啡，備用。

04 將無鹽奶油以微波爐加熱融化後，備用。

05 將融化的無鹽奶油、全脂奶粉混合後拌勻，蓋上保鮮膜，並放入已預熱好的烤箱中保溫，為牛奶奶油，備用。

糖漿製作

06 準備一空鍋，依序倒入飲用水、水麥芽、細砂糖a、鹽巴，再開火。

→ 先加入液態材料，再加入固態材料。

07 在鍋中放入探針以測量溫度，待溫度升至110度時，開始打發蛋白，並持續加熱糖漿至130度。

→ 勿攪拌糖漿，以免反砂。

08 將蛋白倒入鋼盆中，取桌上型電動攪拌機以球狀攪拌器以中速打發至蛋白呈大泡泡狀態。

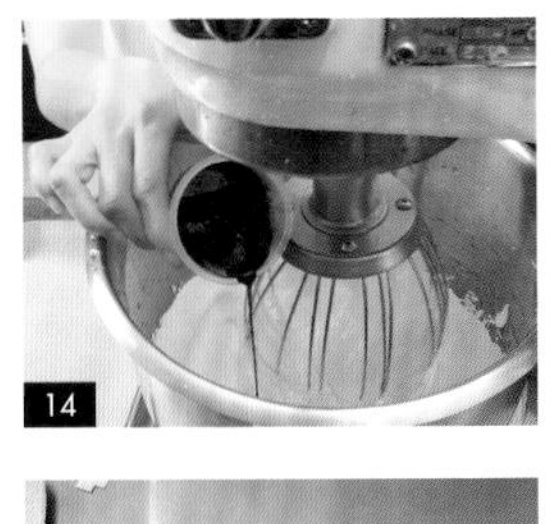

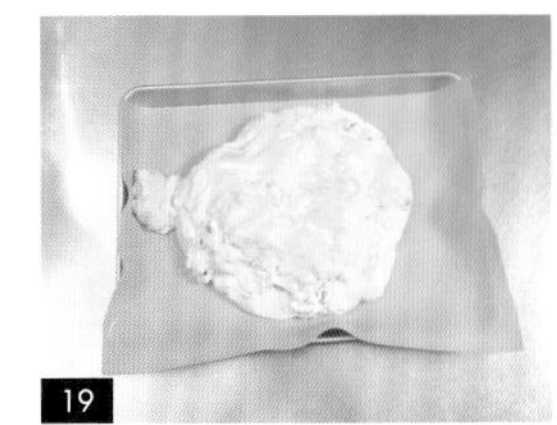

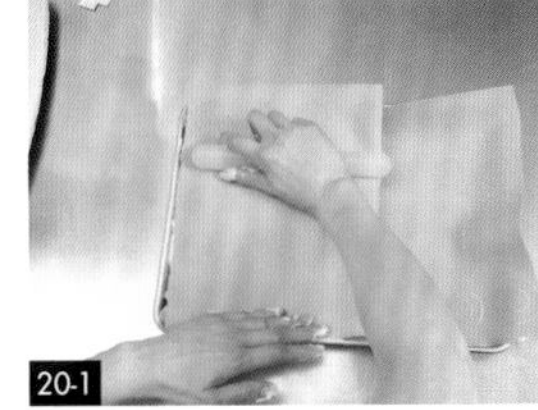

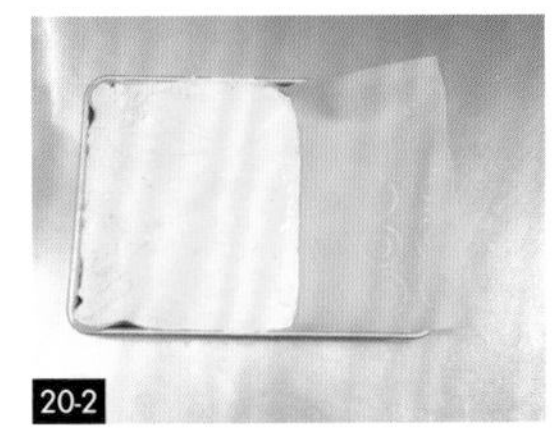

09 加入½細砂糖b，並以中速打至呈細緻狀態。

10 加入剩下的½細砂糖b，以中速打勻。

11 加入⅓的130度糖漿到鋼盆中，以中速打勻。

⇒ 須快速進行打發，以免消泡。

12 加入剩下的⅔糖漿，並以中速打5分鐘。

13 取出保溫的牛奶奶油，並加入鋼盆中，以中速打勻。

14 取出保溫的咖啡並加入鋼盆中，以中速打勻。

15 取出烤熟核桃並加入鋼盆中，稍微攪拌均勻，即完成咖啡核桃糖漿。

16 將不沾黏烘焙墊平放在整形盤上，以烤盤油在整形盤、擀麵棍、刮板上噴油，並以無鹽奶油塗抹雙手，以防止沾黏。

17 取下桌上型電動攪拌機的球狀攪拌器，並以刮刀將攪拌器上的咖啡核桃糖漿刮下。

18 以無鹽奶油塗抹鋼盆盆壁，以防止倒出時咖啡核桃糖漿沾黏。

⇒ 只須塗抹咖啡核桃糖漿倒出時與盆壁的接觸面。

19 以刮板為輔助，將咖啡核桃糖漿刮入整形盤中。

20 以擀麵棍、不沾黏烘焙墊為輔助，將咖啡核桃糖漿按壓均勻後，靜置凝固。

❀ 脫模及裁切

21 在切糖刀及雙手上噴烤盤油，以防止咖啡核桃牛軋糖沾黏。

22 將咖啡核桃牛軋糖取出。

23 以切糖刀將咖啡核桃牛軋糖切成塊狀，即可享用。

咖啡核桃牛軋糖
製作動態影片
QRcode

巧克力牛軋糖

INGREDIENTS 材料

① 烤熟堅果	300g	⑦ 水麥芽	600g
② 無鹽奶油	50g	⑧ 細砂糖 a	300g
③ 全脂奶粉	50g	⑨ 鹽巴	8g
④ 可可粉	50g	⑩ 蛋白	50g
⑤ 鈕扣黑巧克力	100g	⑪ 細砂糖 b	50g
⑥ 飲用水	100cc		

保存方式 常溫密封保存1個月。

裁切時機 冷卻後裁切。

STEP BY STEP 步驟

❀ 前置作業

01 將烤箱預熱至上火80度、下火80度。

02 將烤熟堅果放入已預熱好的烤箱中保溫，備用。

03 將無鹽奶油以微波爐加熱融化後，備用。

04 將融化的無鹽奶油、全脂奶粉、可可粉混合後拌勻，蓋上保鮮膜，並放入已預熱好的烤箱中保溫，為可可奶油，備用。

05 將鈕扣黑巧克力蓋上保鮮膜，並放入已預熱好的烤箱中保溫，備用。

❀ 糖漿製作

06 準備一空鍋，依序倒入飲用水、水麥芽、細砂糖a、鹽巴，再開火。

⇒ 先加入液態材料，再加入固態材料。

07 在鍋中放入探針以測量溫度，待溫度升至110度時，開始打發蛋白，並持續加熱糖漿至130度。

⇒ 勿攪拌糖漿，以免反砂。

08 將蛋白倒入鋼盆中，並以電動攪拌機的球狀攪拌器，中速打發至蛋白呈大泡泡狀態。

09 加入½細砂糖b，並以中速打至呈細緻狀態。

10 加入剩下的½細砂糖b，並以中速打勻。

11 加入⅓的130度糖漿到鋼盆中，並以中速打勻。

⇒ 須快速進行打發，以免消泡。

12 加入剩下的⅔糖漿，並以中速打約5分鐘。

03

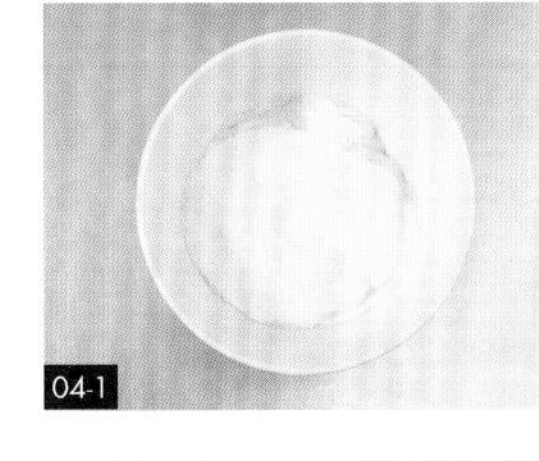
04-1

04-2

07

09

11

12

13 取出保溫的可可奶油，並加入鋼盆中，以中速打勻。

14 取出保溫的鈕扣黑巧克力並加入鋼盆中，攪拌均勻至融化。

15 取出保溫的烤熟堅果加入鋼盆中，稍微攪拌均勻，即完成巧克力糖漿。

16 將矽膠墊平放在整形盤上後，以烤盤油在整形盤、擀麵棍、刮刀、刮板、雙手上噴油，以防止沾黏。

17 取下桌上型電動攪拌機的球狀攪拌器，並以刮刀將攪拌器上的巧克力糖漿刮下。

18 以無鹽奶油塗抹鋼盆盆壁，以防止倒出時巧克力糖漿沾黏。

⇒ 只須塗抹巧克力糖漿倒出時與盆壁的接觸面。

19 以刮板為輔助，將巧克力糖漿刮入整形盤中。

20 以擀麵棍、刮板、矽膠墊為輔助，將巧克力糖漿按壓均勻後，靜置凝固。

❀ 裁切

21 在切糖刀及雙手上噴烤盤油，以防止巧克力牛軋糖沾黏。

22 將巧克力牛軋糖取出。

23 以切糖刀將巧克力牛軋糖切成塊狀，即可享用。

巧克力牛軋糖
製作動態影片
QRcode

13

14

15

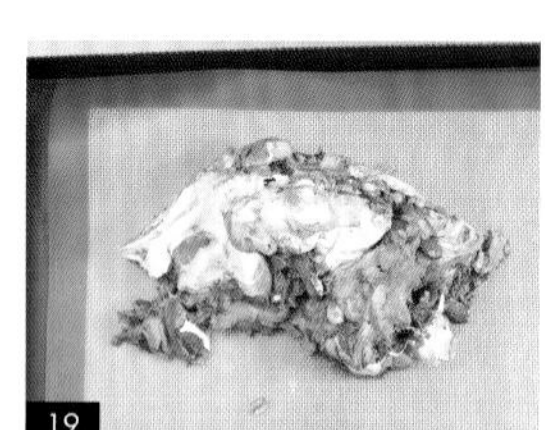

19

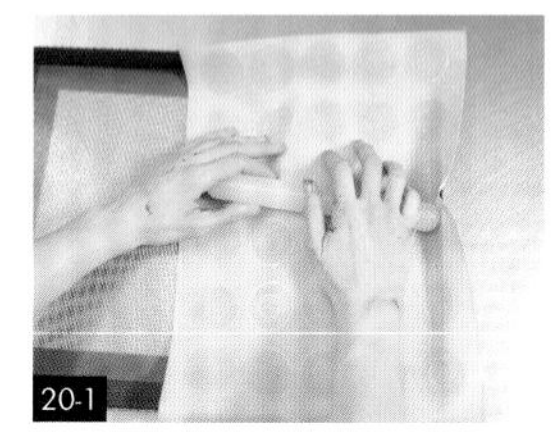

20-1

20-2

23

OTHER DESSERTS
其他甜點

CHAPTER. 02

Macaron No.01

◆ 馬卡龍製作

兔子造型馬卡龍

保存方式 冷凍密封保存14天；冷藏密封保存5天。

取出時機 冷卻後取出。

INGREDIENTS 材料

造型

① 馬卡龍糊 （可參考馬卡龍殼製作 P.17-19。）	適量
② 苦甜巧克力	適量
③ 粉色色粉	少許

內餡

④ 甘納許巧克力醬 （可參考甘納許巧克力醬 P.220-221。）	適量

STEP BY STEP 步驟

❀ 馬卡龍製作

01 將兔子紙形放在烤盤上，並以烤焙布覆蓋。

02 取白色麵糊，以直徑0.5公分的圓形花嘴依照紙形，擠出兔子身體。

⇒ 須以較小開口的花嘴製作兔子造型馬卡龍。

03 以白色麵糊依照紙形，擠出兔子耳朵後，以牙籤調整形狀。

04 重複步驟3，擠出另一隻兔子耳朵後，調整形狀，即完成兔子耳朵。

05 以牙籤依照紙形調整兔子身體形狀後，靜置待稍微凝固。

06 以白色麵糊依照紙形，擠出兔子尾巴後，以牙籤調整形狀，為兔子馬卡龍殼。

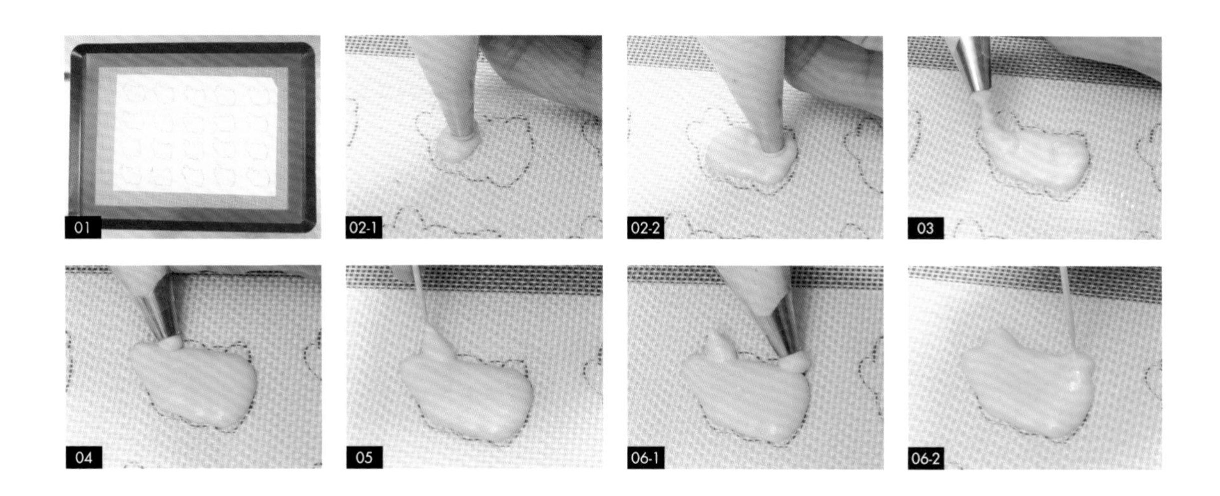

07 以白色麵糊擠出圓形，為圓形馬卡龍殼。

08 將兔子紙形從烤盤上取下，並將馬卡龍殼風乾至結皮。

09 用左手水平抬起烤盤，右手向上拍打烤盤底部，以振動麵糊減少空隙。

⇒ 拍打烤盤底部以將麵糊中的空氣排出。

10 將馬卡龍殼放入烤箱烘烤出爐，即完成兔子馬卡龍殼及圓形馬卡龍殼。

造型製作

11 將苦甜巧克力隔水加入至融化後，裝入三明治袋，在兔子的頭部左側擠出小點，為眼睛。

12 以棉花棒沾取粉色色粉，並在兔子的耳朵內塗抹出粉紅色弧線，為耳窩。

13 在兔子的眼睛右下側輕劃橫線，為腮紅，即完成兔子造型馬卡龍殼製作。

組合

14 在圓形馬卡龍殼背面擠出甘納許巧克力醬。

15 將圓形馬卡龍殼與兔子造型馬卡龍殼黏合，即可享用。

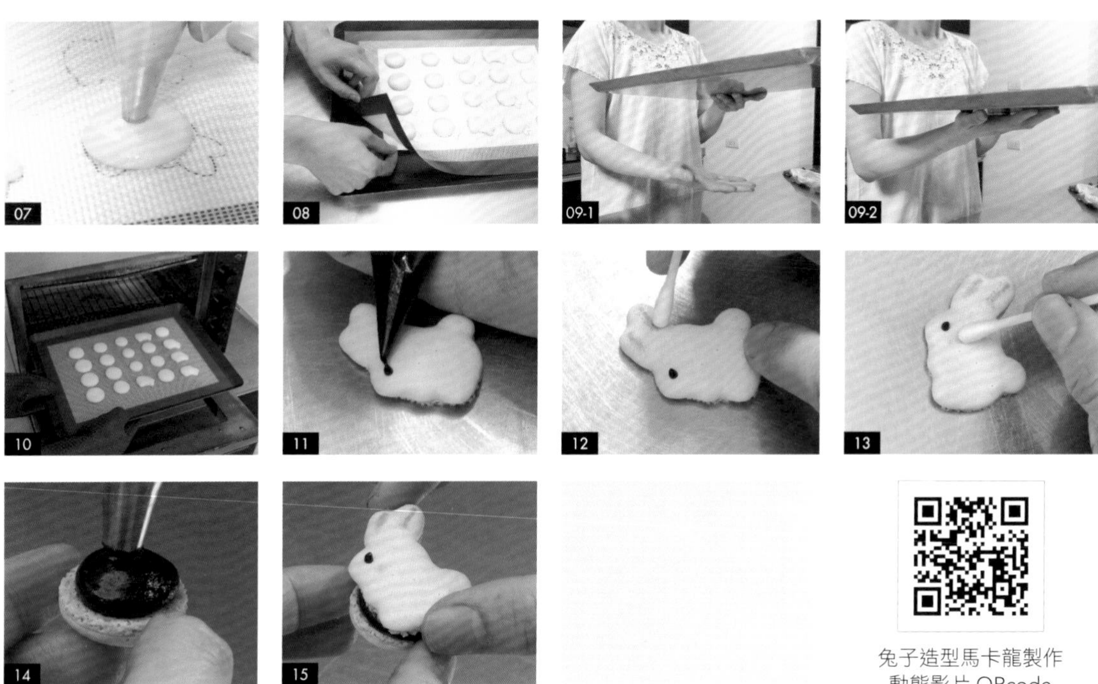

兔子造型馬卡龍製作
動態影片 QRcode

Macaron No.02

◆ 馬卡龍製作

狗狗造型馬卡龍

保存方式 冷凍密封保存14天；冷藏密封保存5天。

取出時機 冷卻後取出。

INGREDIENTS 材料

造型

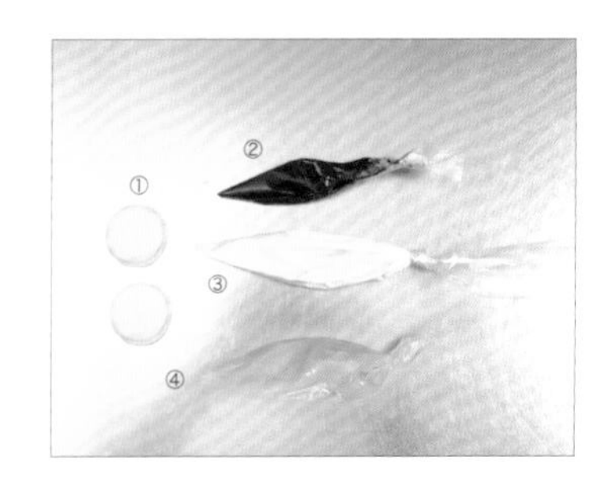

① 白色馬卡龍 （可參考馬卡龍殼製作 P.17-19。）	2個
② 苦甜巧克力	適量
③ 白巧克力	適量

內餡

④ 檸檬奶油醬 （可參考檸檬奶油醬 P.218-219。）	適量

STEP BY STEP 步驟

造型製作

01 取一個白色馬卡龍殼，以苦甜巧克力在左上側擠出左耳後，向右擠出鋸齒狀，為頭頂。

02 以苦甜巧克力在右上側擠出右耳。

03 在耳朵下方擠出鋸齒狀，並預留開口處，即完成頭部輪廓。

04 在輪廓左下側擠出三角形，為左腳。

05 在輪廓右下側擠出橢圓形，為右腳。

06 以針車鑽沾取苦甜巧克力在右腳上點出一點後，在上方點出四個小點，為狗掌。

07 以針車鑽沾取苦甜巧克力在馬卡龍殼中間以繪製吻部。

08 以針車鑽在吻部下方向左繪製短弧線。

09 重複步驟8，向右繪製短弧線，並以針車鑽調整形狀，為嘴巴。

10 以針車鑽沾取苦甜巧克力在嘴巴下方畫出V字形後，在V字形上方點一點，為舌頭。

11 以針車鑽末端沾取苦甜巧克力在吻部中心處點出一點，為鼻子。

12 以針車鑽末端沾取苦甜巧克力在臉部兩側點出兩點，為眼睛。

13 以白巧克力在眼睛分別擠出小點，為眼睛亮點。

14 如圖，狗狗造型馬卡龍殼製作完成。

❀ 組合

15 取另一個白色馬卡龍殼，在背面擠出檸檬奶油醬。

16 將白色馬卡龍殼與狗狗造型馬卡龍殼黏合，即可享用。

狗狗造型馬卡龍
製作動態影片
QRcode

Macaron No.03

◆ 馬卡龍製作

月兔賞月造型馬卡龍

保存方式 冷凍密封保存14天；冷藏密封保存5天。

取出時機 冷卻後取出。

INGREDIENTS 材料

造型

① 黑色馬卡龍殼 2個
（可參考馬卡龍殼製作 P.17-19。）
② 白巧克力 適量
③ 苦甜巧克力 適量
④ 粉色色粉 少許
⑤ 金色色粉 少許

內餡

⑥ 甘納許巧克力醬 適量
（可參考甘納許巧克力醬 P.220-221。）

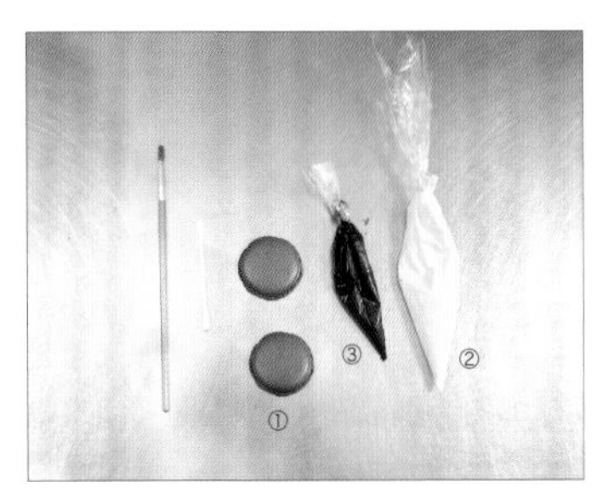

STEP BY STEP 步驟

❀ 月兔賞月造型製作

01 取一個黑色馬卡龍殼，以白巧克力在馬卡龍殼上擠出多個小點。

02 以針車鑽從白色小點輕輕往右劃過，形成尖端，為白雲。

03 以白巧克力在馬卡龍殼右上方邊緣擠出一點，為月亮。

04 以苦甜巧克力在馬卡龍殼中間擠出兩條平行線。

05 以苦甜巧克力在兩條平行線間擠出短直線，為軌道。

06 以白巧克力在軌道左側上方擠出一點，為兔子頭部。

07 在兔子頭部上方以白巧克力擠出兩個小點，並以針車鑽輕輕往下劃成倒水滴形，為兔子耳朵。

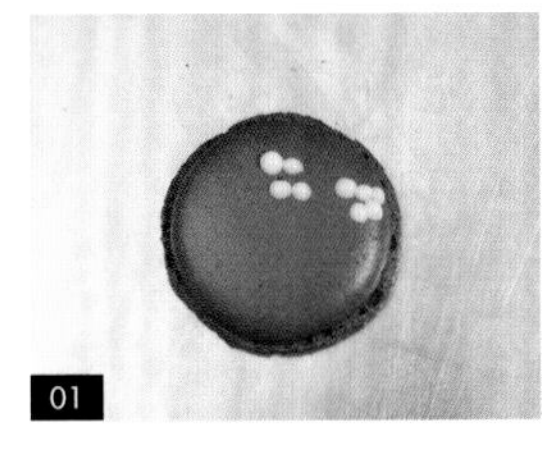
01

02

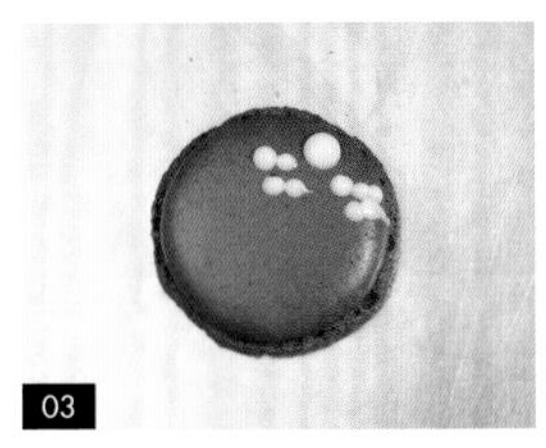
03

04

05

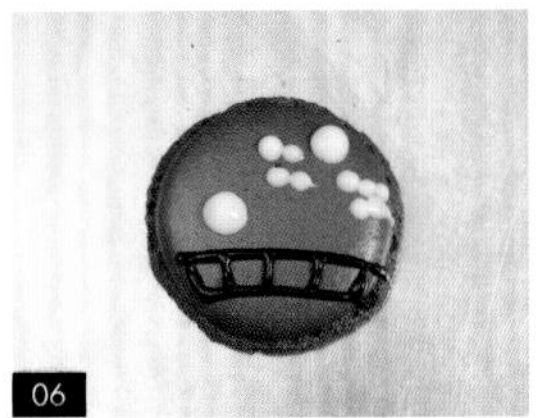
06

07

08 重複步驟6-7，在軌道正上方完成第二隻兔子的頭部、耳朵。

09 以針車鑽沾取白巧克力，在第一隻兔子頭部下方點出兩個小點，為兔子雙腳。

10 重複步驟9，完成第二隻兔子的雙腳後，靜置凝固。

11 以針車鑽沾取苦甜巧克力，分別在兩隻兔子頭部點出兩個小點，為眼睛。

12 以針車鑽沾取苦甜巧克力，分別在兩隻兔子頭部下方點出一小點，為嘴巴。

13 以棉花棒沾取粉色色粉，並分別在兩隻兔子的耳內點出粉紅色，為耳窩。

14 以水彩筆沾取金色色粉，在馬卡龍上方邊緣塗抹，為月光。

15 以水彩筆沾取金色色粉，在軌道短線上塗抹，為軌道上的反光，即完成月兔賞月造型馬卡龍殼製作。

月兔賞月造型
馬卡龍製作動態
影片 QRcode

❀ 組合

16 取另一個黑色馬卡龍殼，在背面擠出甘納許巧克力醬。

17 將黑色馬卡龍殼與月兔賞月造型馬卡龍殼黏合，即可享用。

Macaron No.04

◆ 馬卡龍製作

花之馬卡龍

保存方式 冷凍密封保存14天；冷藏密封保存5天。

取出時機 冷卻後取出。

INGREDIENTS 材料

造型

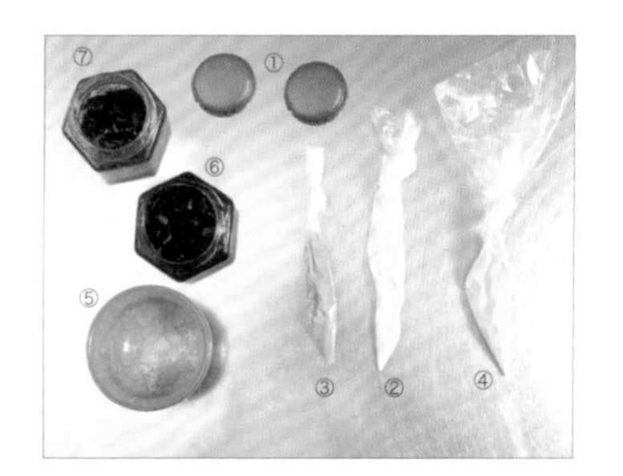

① 黑色馬卡龍殼（可參考馬卡龍殼製作 P.17-19。）	2個
② 白巧克力	適量
③ 草莓巧克力	適量
④ 檸檬巧克力	適量
⑤ 金色色粉	少許

內餡

⑥ 藍莓果醬	適量（可參考藍莓果醬 P.214-215。）
⑦ 蔓越莓果醬	適量（可參考蔓越莓果醬 P.216-217。）

STEP BY STEP 步驟

❀ 造型製作

01 取一個黑色馬卡龍殼，以白巧克力在圓弧線上方擠出多個小點。

02 以針車鑽從白色小點輕輕往右劃過，形成尖端，為白雲。

03 以草莓巧克力在馬卡龍上擠出五個小點。

04 以針車鑽從粉色小點由中心往內劃過，形成水滴形，為花瓣。

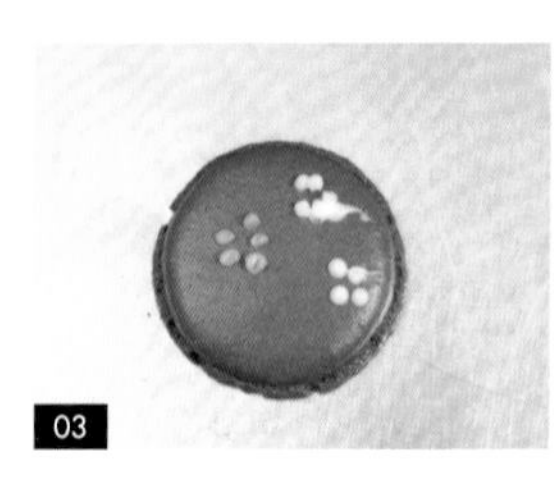

05　重複步驟3-4，完成第二朵花。

06　以草莓巧克力在馬卡龍上隨意擠出多個小點。

07　重複步驟4，以針車鑽由中心往內劃過，形成水滴形，為花瓣。

08　以白巧克力分別在兩朵花中心擠出小點，為花蕊。

09　以檸檬巧克力在兩朵雲間擠出圓點，為月亮，靜置凝固。

10　以水彩筆沾取金色色粉，在馬卡龍殼上隨意塗抹，為月光，即完成花之馬卡龍殼製作。

❀ 內餡製作

11　將藍莓果醬、蔓越莓果醬混合均勻，即完成綜合莓果醬。

❀ 組合

12　取另一個黑色馬卡龍殼，以筷子在背面抹上綜合莓果醬。

13　將黑色馬卡龍殼與花之馬卡龍殼黏合，即可享用。

花之馬卡龍
製作動態影片
QRcode

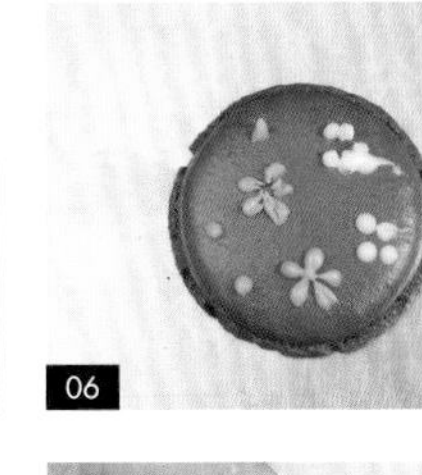

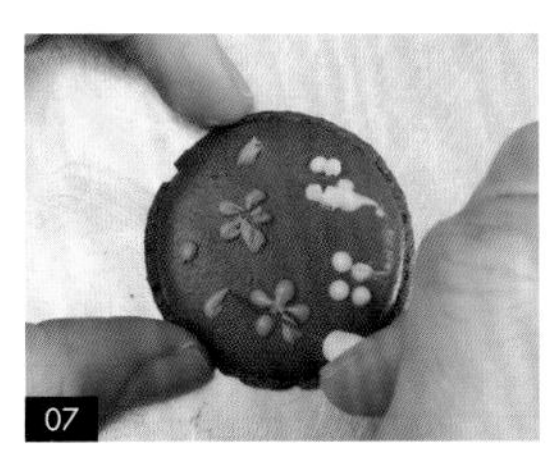

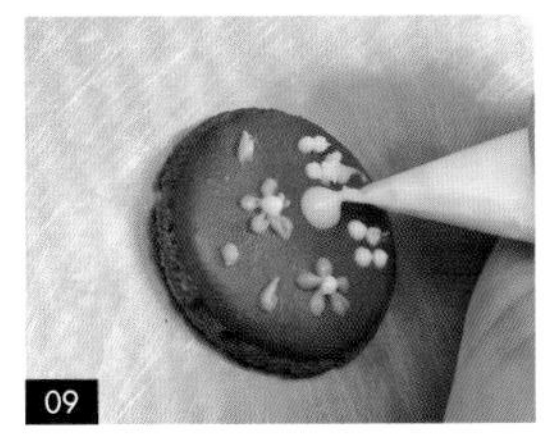

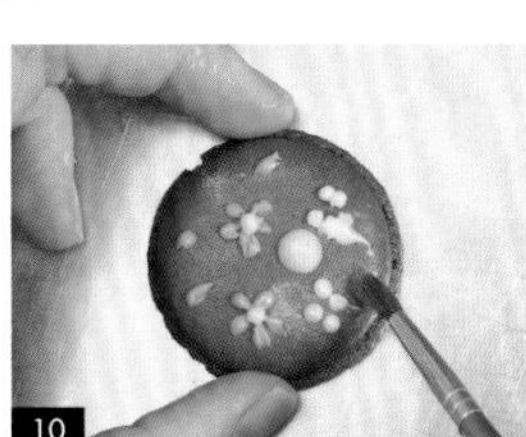

Macaron No.05

◆ 馬卡龍製作

嫦娥造型馬卡龍

保存方式 冷凍密封保存14天；冷藏密封保存5天。

取出時機 冷卻後取出。

INGREDIENTS 材料

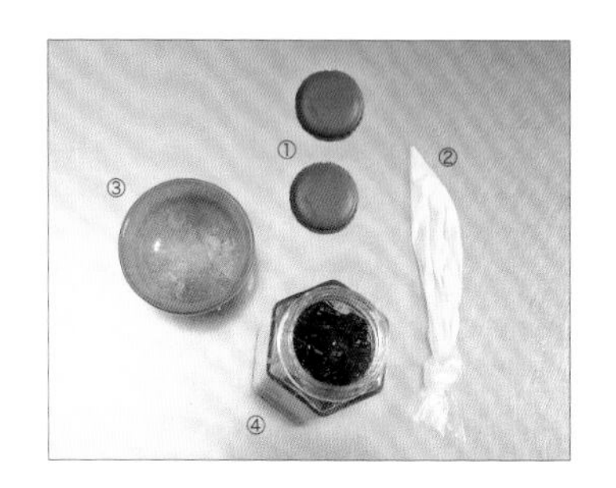

馬卡龍

① 黑色馬卡龍殼　2個
（可參考馬卡龍殼製作 P.17-19。）
② 白巧克力　適量
③ 金色色粉　少許

內餡

④ 蔓越莓果醬　適量
（可參考蔓越莓果醬 P.216-217。）

STEP BY STEP 步驟

❀ 嫦娥造型製作

01 取一個黑色馬卡龍殼，以白巧克力在馬卡龍殼上擠出圓點，為嫦娥頭部。

02 以白巧克力在嫦娥頭部上方擠出小點，為頭髮。

03 在頭部下方擠出雙手。

04 先在頭部右下方擠出嫦娥身體後，再從尾端沿馬卡龍邊緣，以順時針方向擠出圓弧線後，並以水彩筆刷開。

05 以白巧克力在圓弧線左上方擠出一點，為月亮，靜置凝固。

06 以水彩筆沾取金色色粉，並塗抹月亮。

07 重複步驟6，以金色色粉在馬卡龍殼上隨意塗抹，為月光，即完成嫦娥造型製作。

❀ 組合

08 取另一個黑色馬卡龍殼，以筷子在背面抹上蔓越莓果醬。

09 將黑色馬卡龍殼與嫦娥造型馬卡龍殼黏合，即可享用。

嫦娥造型馬卡龍製作動態影片 QRcode

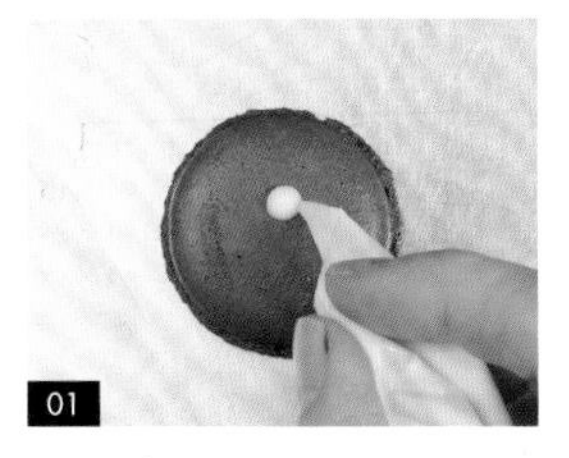

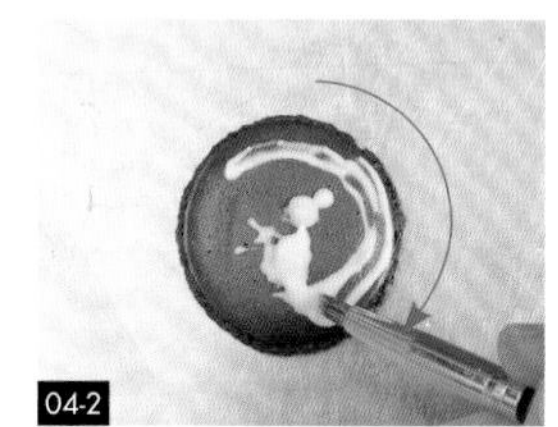

Macaron No.06

◆ 馬卡龍製作

星空馬卡龍

保存方式 冷凍密封保存14天；冷藏密封保存5天。

取出時機 冷卻後取出。

INGREDIENTS 材料

馬卡龍

① 黑色馬卡龍殼 2個
（可參考馬卡龍殼製作 P.17-19。）

② 金色色粉 少許

③ 小型黃色馬卡龍 一個

④ 粉色色粉 少許

⑤ 苦甜巧克力

內餡

⑥ 藍莓果醬 適量
（可參考藍莓果醬 P.214-215。）

STEP BY STEP 步驟

❀ 造型製作

01 取一個黑色馬卡龍殼，以水彩筆沾取金色色粉，在馬卡龍上隨意塗抹，為月光。

02 以針車鑽末端沾取苦甜巧克力，塗抹在黃色圓形馬卡龍殼背面，並放在黑色馬卡龍殼中間黏貼固定，為月亮。

03 以針車鑽末端沾取苦甜巧克力在月亮上點出兩點，為眼睛。

04 以針車鑽沾取苦甜巧克力在眼睛下方畫出一條圓弧線，為嘴巴。

05 以棉花棒沾取粉色色粉，點在嘴巴兩側，為腮紅，即完成星空馬卡龍殼製作。

❀ 組合

06 取另一個黑色馬卡龍殼，以筷子在背面抹上藍莓果醬。

07 將黑色馬卡龍殼與星空馬卡龍殼黏合，即可享用。

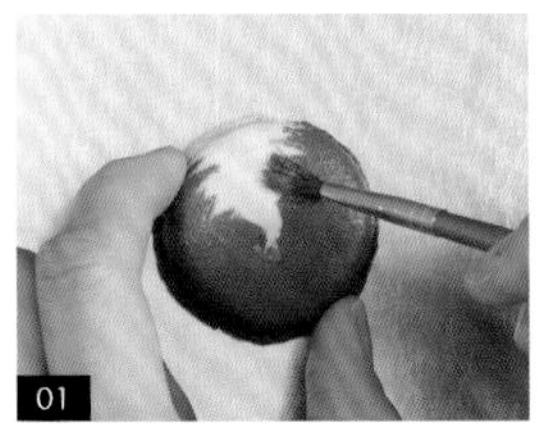
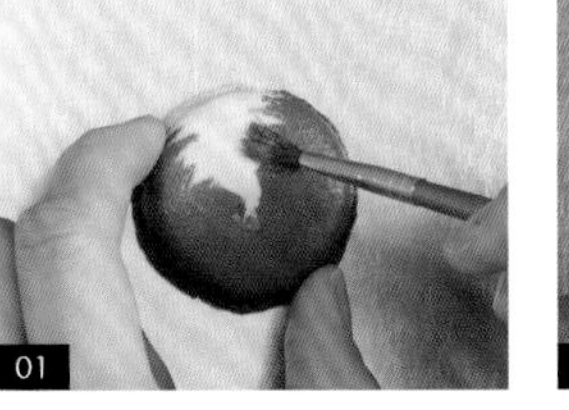
01

02

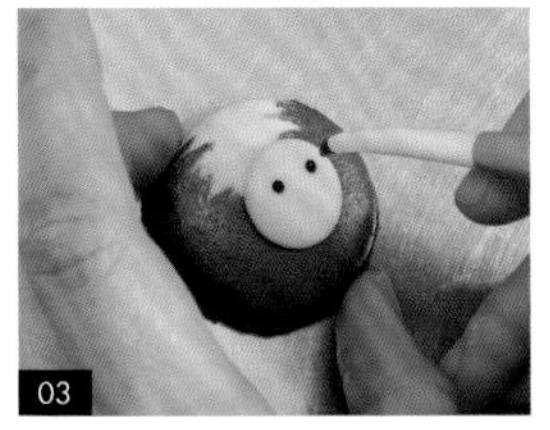
03

04

05

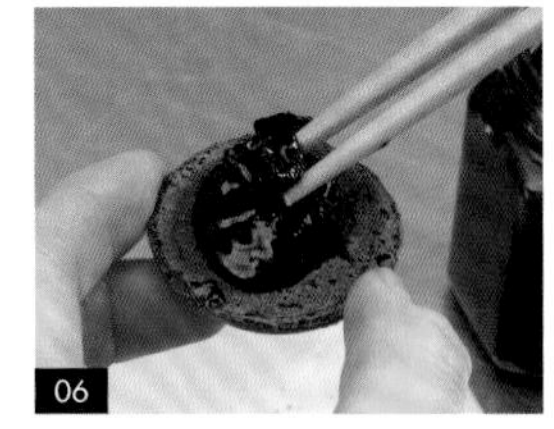
06

07

星空馬卡龍製作動態影片 QRcode

圓形馬卡龍

保存方式 冷凍密封保存14天；冷藏密封保存5天。

取出時機 冷卻後取出。

INGREDIENTS 材料

馬卡龍

① 黑色馬卡龍殼 2個
（可參考馬卡龍殼製作 P.17-19。）

內餡

② 蔓越莓果醬 適量（可參考蔓越莓果醬 P.216-217。）

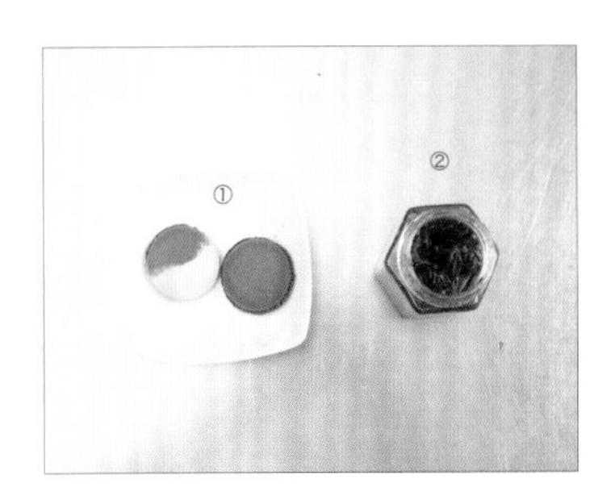

STEP BY STEP 步驟

01 取一個黑色馬卡龍殼，以筷子在背面抹上蔓越莓果醬。

02 取另一個黑色馬卡龍殼黏合，即可享用。

圓形馬卡龍製作動態影片 QRcode

Yokan No.08

◆ 羊羹製作

星空羊羹

保存方式 冷藏密封保存10天。 **裁切時機** 冷卻後裁切。

INGREDIENTS 材料

第一層（紅豆羊羹）

① 飲用水 a	300cc
② 洋菜粉 a	6g
③ 細砂糖 a	150g
④ 鹽巴	2g
⑤ 紅豆沙	200g

第二層（鮮奶羊羹）

⑥ 鮮奶	150cc
⑦ 洋菜粉 b	1.5g
⑧ 細砂糖 b	15g

第三層（雙色羊羹）

⑨ 飲用水 b	150cc
⑩ 洋菜粉 c	1.5g
⑪ 細砂糖 c	23g
⑫ 紫色色粉	少許
⑬ 黃色色粉	少許
⑭ 金箔	少許

第四層（透明羊羹）

⑮ 飲用水 c	100cc
⑯ 洋菜粉 d	1g
⑰ 細砂糖 d	15g

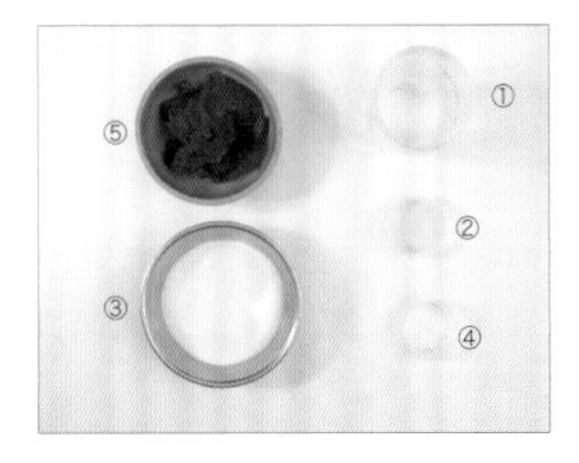

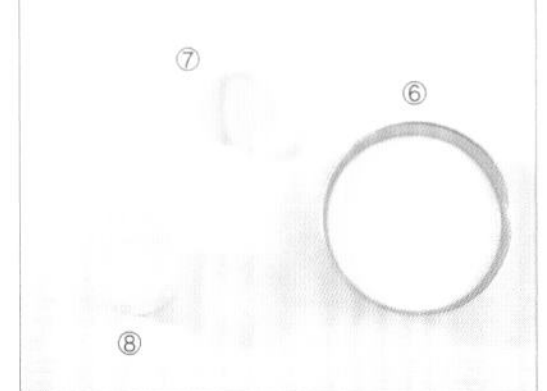

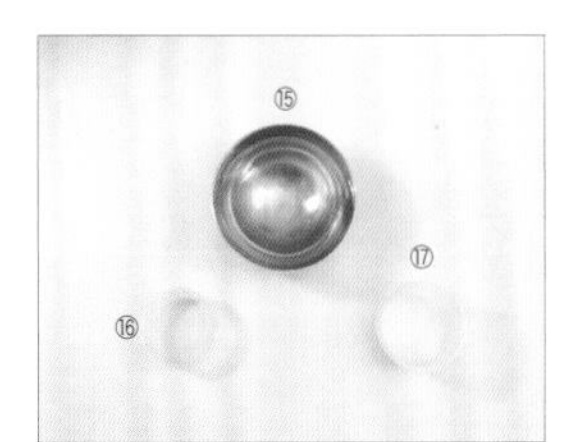

STEP BY STEP 步驟

❀ 第一層（紅豆羊羹）製作

01 準備一空鍋，倒入飲用水 a、洋菜粉 a，以打蛋器拌勻後開火。

02 將洋菜水煮至水滾後，再煮1分鐘，加入½細砂糖 a，以打蛋器持續攪拌。

03 水滾後，再加入剩下的½細砂糖 a、鹽巴，並以打蛋器持續攪拌。

04 水滾後，加入紅豆沙，並以打蛋器拌勻，放入探針測量溫度，待溫度升到100度，即完成紅豆羊羹。

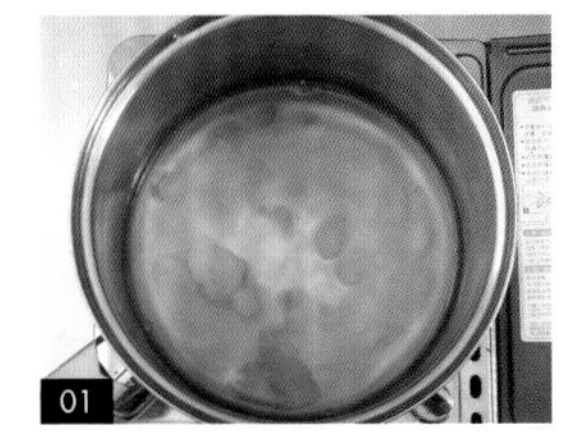

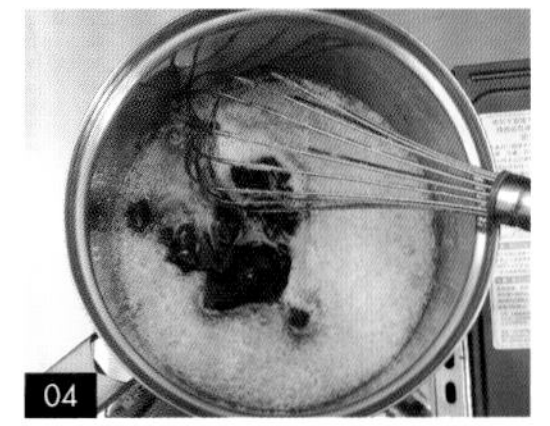

05 先在模具上噴水，以防止紅豆羊羹沾黏模具。

06 將紅豆羊羹倒入模具中後，靜置凝固，即完成第一層紅豆羊羹製作。

第二層（鮮奶羊羹）製作

07 在鍋中倒入鮮奶、洋菜粉b，以打蛋器拌勻後開火。

08 將洋菜鮮奶煮至滾後，再煮1分鐘，加入細砂糖b並以打蛋器持續攪拌，即完成鮮奶羊羹。

09 取紅豆羊羹，並以刀子在表面輕劃數刀，但不須切斷，以幫助兩層羊羹結合。

⇒ 趁羊羹凝固但還有餘溫時進行，以免溫度不足而無法結合。

10 將鮮奶羊羹倒入模具中。

11 以噴槍火力燒過鮮奶羊羹表面，消除氣泡後，靜置凝固，須小心鮮奶易燒焦。

⇒ 若沒有噴槍，也可將模具輕敲桌面以消除氣泡。

第三層（雙色羊羹）、第四層（透明羊羹）製作

12 在鍋中倒入飲用水b、飲用水c；洋菜粉c、洋菜粉d，以打蛋器拌勻後開火。

⇒ 第三、四層羊羹可同時製作。

13 將洋菜水煮至水滾後，再煮1分鐘，加入細砂糖c、細砂糖d並以打蛋器持續攪拌，為透明羊羹。

14 取兩個容器，並分別加入少許紫色色粉及少許黃色色粉。

⇒ 先加入少許色粉調色，若顏色太淡，再慢慢增加至所須的量，一次加入太多色粉易使羊羹顏色過重。

15 分別在容器中倒入60g透明羊羹，拌勻調色，即完成黃色羊羹、紫色羊羹製作。

⇒ 將剩餘透明羊羹，放入已預熱至上火60度、下火60度的烤箱中保溫，為第四層透明羊羹，備用。

16 待第二層鮮奶羊羹凝固後，以刀子在表面輕劃數刀，但不須切斷，以幫助兩層羊羹結合。

17 將少許紫色羊羹倒入模具中，並靜置約15秒待紫色羊羹稍微凝固。

18 重複步驟17，倒入黃色羊羹後，靜置稍微凝固。

⇒ 勿同時倒入黃色及紫色羊羹，以免兩色相混而無法製造出雙色的效果。

19 重複步驟17-18，依序將紫色羊羹、黃色羊羹分別倒入模具中，以製造出雙色的效果。

⇒ 羊羹不須填滿模具，因後續還有第四層透明羊羹。

20 在雙色羊羹表面撒上金箔後，靜置凝固，即完成第三層雙色羊羹 。

21 取出保溫的透明羊羹，倒入少許至模具中，以覆蓋過金箔為主，靜置凝固後，即完成第四層透明羊羹。

⇒ 羊羹勿倒太多，過厚會降低成品的透明感。

脫模及切塊

22 將刀子、砧板、波浪刀表面噴水。

23 以刀子劃過模具四邊，將羊羹脫模。

24 在砧板上放上羊羹，以波浪刀切成塊狀，即可享用。

⇒ 以波浪刀切羊羹，可增加造型。

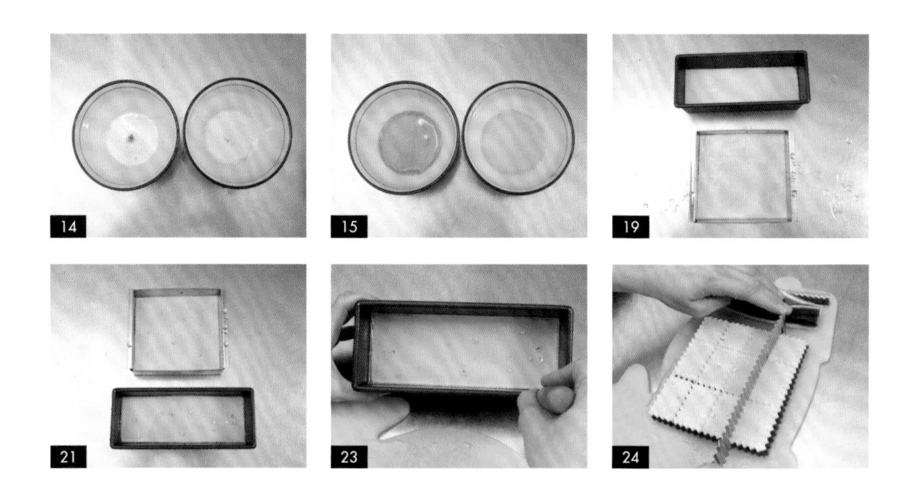

星空羊羹製作
動態影片 QRcode

Yokan No.09

◆ 羊羹製作

藍天白雲造型果凍羹

保存方式 冷藏密封保存10天。　**裁切時機** 冷卻後裁切。

INGREDIENTS 材料

白色羊羹

① 鮮奶 100cc
② 洋菜粉 a 1g
③ 細砂糖 a 10g

藍色羊羹

④ 飲用水 200cc
⑤ 洋菜粉 b 2g
⑥ 細砂糖 b 40g
⑦ 藍色色粉 少許

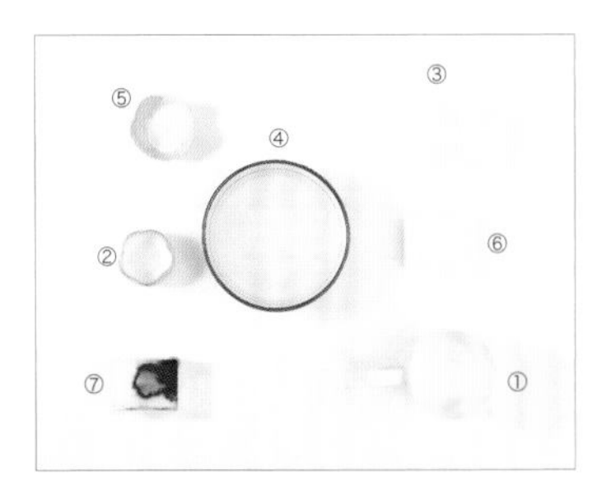

STEP BY STEP 步驟

白色羊羹製作

01 準備一空鍋，倒入鮮奶、洋菜粉a，以打蛋器拌勻後開火。

02 將洋菜鮮奶煮至滾後，再煮1分鐘，加入細砂糖a，並以打蛋器持續攪拌，即完成白色羊羹。

03 先在模具上噴水，以防止白色羊羹沾黏模具。

04 將白色羊羹倒入模具中，並將模具輕敲桌面以消除氣泡後，靜置凝固。

05 如圖，白色羊羹完成。

藍色羊羹製作

06 在鍋中倒入飲用水、洋菜粉b，以打蛋器拌勻後開火。

07 將洋菜水煮至水滾後，再煮1分鐘，加入細砂糖b，以打蛋器持續攪拌，即完成透明羊羹。

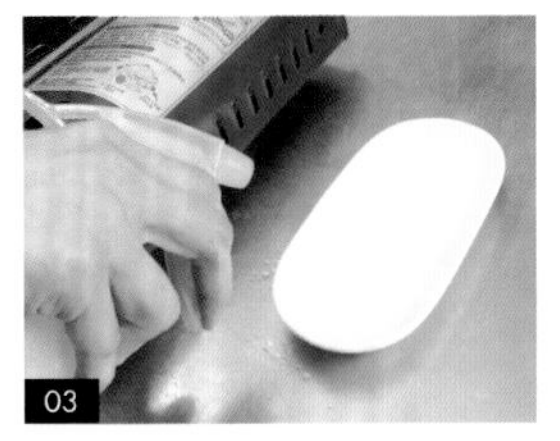

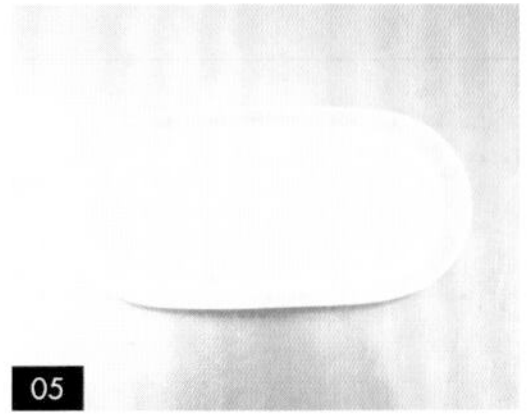

08　取少許藍色色粉加入透明羊羹中，以打蛋器拌勻調色，即完成藍色羊羹製作。

先加入少許色粉調色，若顏色太淡，再慢慢增加至所須的量，以免羊羹顏色過重。

09　將藍色羊羹放入已預熱至上火60度、下火60度的烤箱中保溫，備用。

壓模、脫模及組合

10　取出白色羊羹，以雲型壓模在白色羊羹上壓出雲形片。

11　取一容器，在容器中噴水，再將雲型片用手取出放入容器中備用，並移除多餘的白色羊羹。

12　先在模具上噴水，再將藍色羊羹倒入模具中，靜置稍凝固。

13　將雲型片隨意放進藍色羊羹中結合後，靜置凝固，即完成藍天白雲果凍羹。

勿將雲型片放在模具邊緣，以免脫模時形狀破損。

14　將刀子、砧板、波浪刀表面噴水。

15　以刀子挑起藍天白雲果凍羹邊緣，使果凍羹和模具間產生空隙，以幫助脫模。

16　用手輕輕掀起藍天白雲果凍羹邊緣。

17　將模具傾斜並倒扣在砧板上，將藍天白雲果凍羹脫模。

18　將藍天白雲果凍羹以波浪刀切成塊狀，即可享用。

以波浪刀切藍天白雲果凍羹，可增加造型。

藍天白雲造型果凍羹製作動態影片 QRcode

Yokan No.10

◆ 羊羹製作

水果錦玉羹

INGREDIENTS 材料

透明水果羊羹

① 飲用水 250cc
② 洋菜粉 a 2.5g
③ 細砂糖 a 50g
④ 葡萄（對切） 適量

鮮奶羊羹

⑤ 鮮奶 200cc
⑥ 洋菜粉 b 2g
⑦ 細砂糖 b 20g

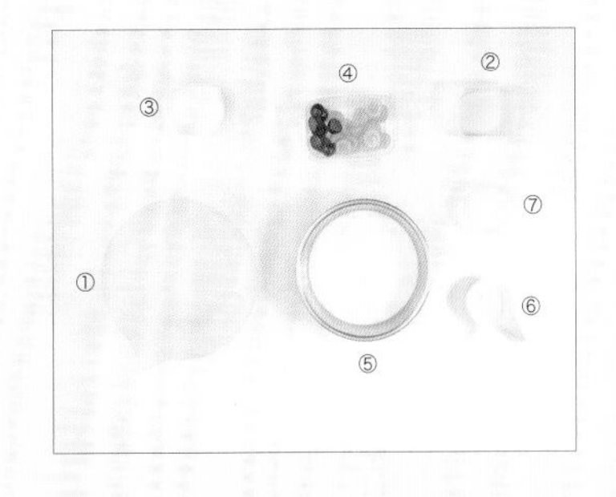

保存方式 冷藏密封保存10天。

裁切時機 冷卻後裁切。

透明水果羊羹

01　將葡萄對切，備用。

02　準備一空鍋，倒入飲用水、洋菜粉a，以打蛋器拌勻後開火。

03　將洋菜水煮至水滾後，再煮1分鐘，加入細砂糖a，以打蛋器持續攪拌。

04　先在模具上噴水，以防止透明羊羹沾黏模具。

05　將透明羊羹倒入模具中，並將模具輕敲桌面以消除氣泡。

06　以筷子將對切葡萄放入透明羊羹中，靜置凝固，即完成透明水果羊羹製作。

鮮奶羊羹

07　在鍋中倒入鮮奶、洋菜粉b，以打蛋器拌勻後開火。

08　將洋菜鮮奶煮至滾後，再煮1分鐘，加入細砂糖b並以打蛋器持續攪拌，即完成鮮奶羊羹製作。

09　蓋上保鮮膜保溫，備用。

⇒ 將鮮奶羊羹保溫時，須在容器上覆蓋保鮮膜，以免鮮奶與空氣接觸形成薄膜。

脫模及組合

10　取透明水果羊羹，並以刀子在表面輕劃數刀，但不須切斷，以幫助兩層羊羹結合。

⇒ 趁羊羹凝固但還有餘溫時進行，以免溫度不足而無法結合。

11　將鮮奶羊羹倒入模具中，靜置凝固，即完成水果錦玉羹。

12　將刀子、砧板、波浪刀表面噴水。

13　以刀子劃過模具四邊，將羊羹脫模。

14　在砧板上放上羊羹，以波浪刀切成塊狀，即可享用。

⇒ 以波浪刀切羊羹，可增加造型。

水果錦玉羹製作
動態影片 QRcode

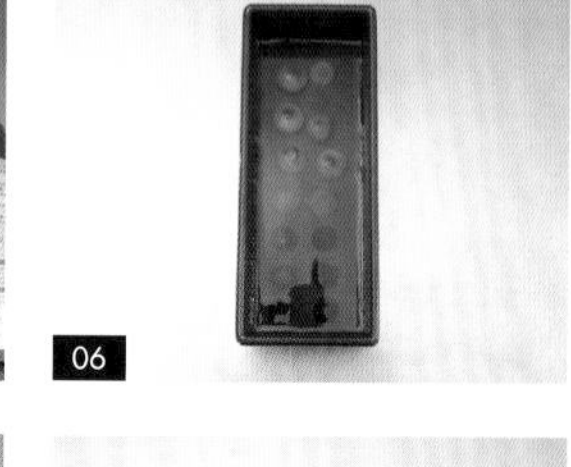

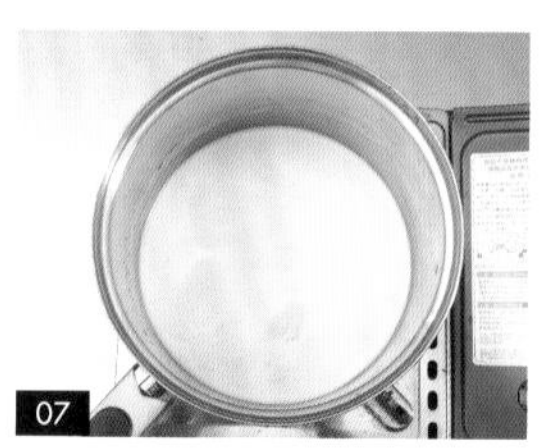

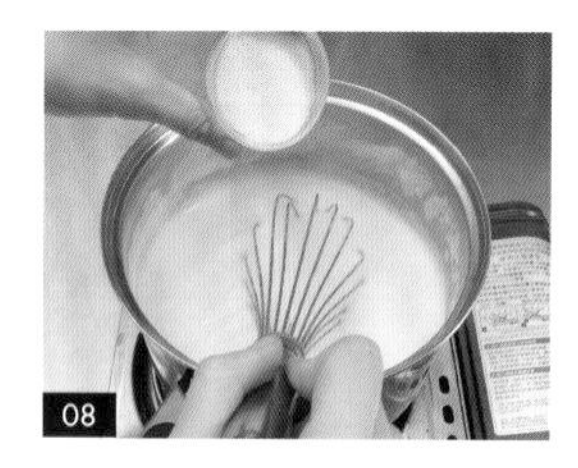

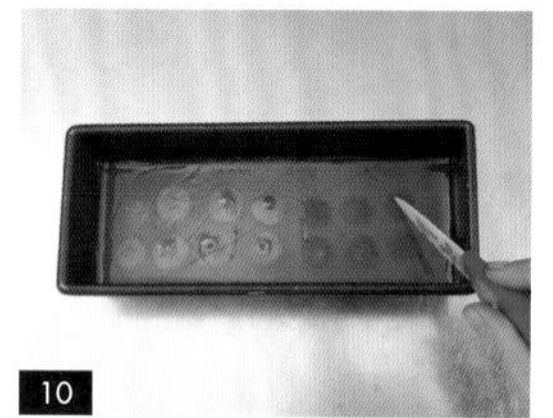

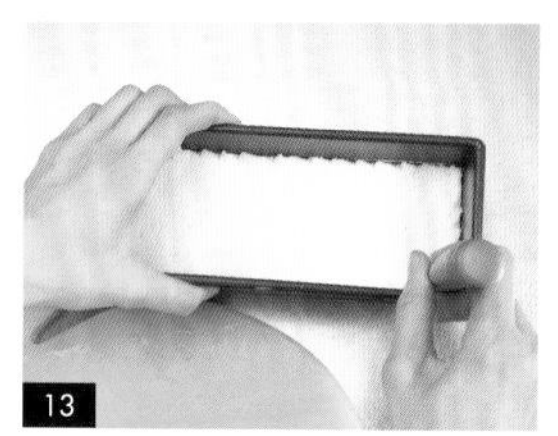

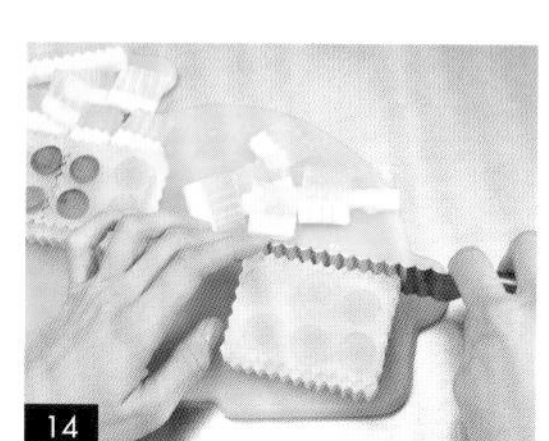

Yokan No.11

◆ 羊羹製作

金魚錦玉羹

保存方式 冷藏密封保存10天。　裁切時機 冷卻後裁切。

INGREDIENTS 材料

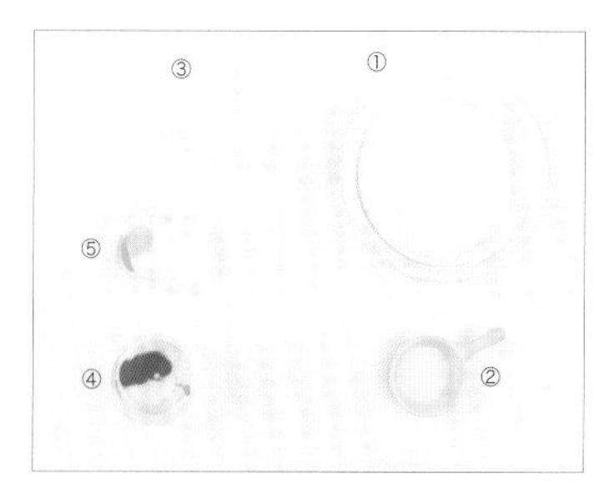

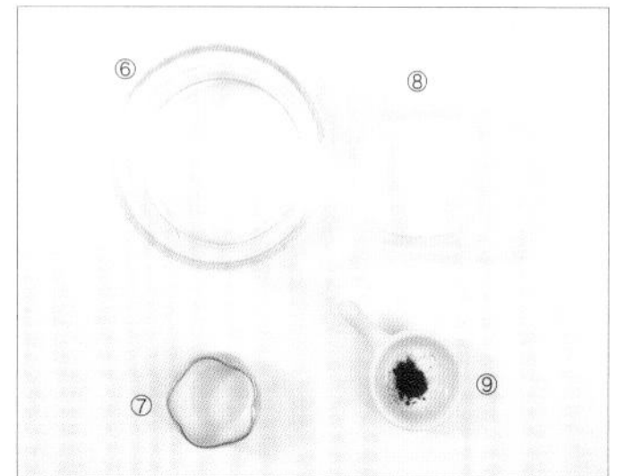

造型羊羹

① 鮮奶 250cc
② 洋菜粉 a 2.5g
③ 細砂糖 a 25g
④ 紅色色粉 少許
⑤ 黃色色粉 少許

藍色羊羹

⑥ 飲用水 200cc
⑦ 洋菜粉 b 2g
⑧ 細砂糖 b 40g
⑨ 藍色色粉 少許

STEP BY STEP 步驟

造型羊羹製作

01 準備一空鍋，倒入鮮奶、洋菜粉a，以打蛋器拌勻後開火。

02 將洋菜鮮奶煮至滾後，再煮1分鐘，加入細砂糖a，以打蛋器持續攪拌，為鮮奶羊羹。

03 取保鮮膜放在鮮奶羊羹上，再以湯勺撈起保鮮膜，以清除奶泡。

04 取小型容器，將三明治袋套在容器上，並倒入少許鮮奶羊羹。

⇒ 將鮮奶羊羹裝進三明治袋以免凝固。

05 將三明治袋從容器上取下，並將尾端打結，即完成白色羊羹。

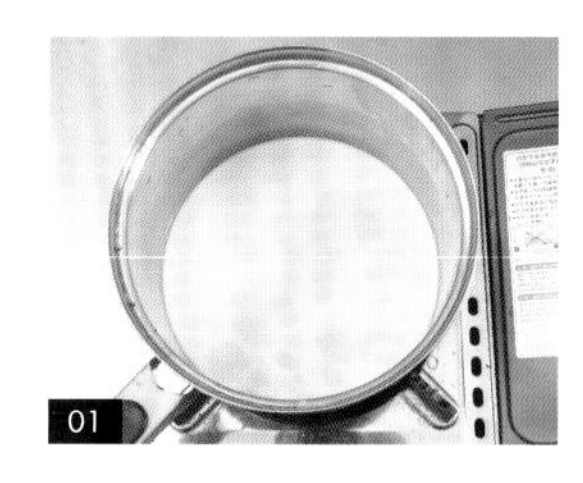

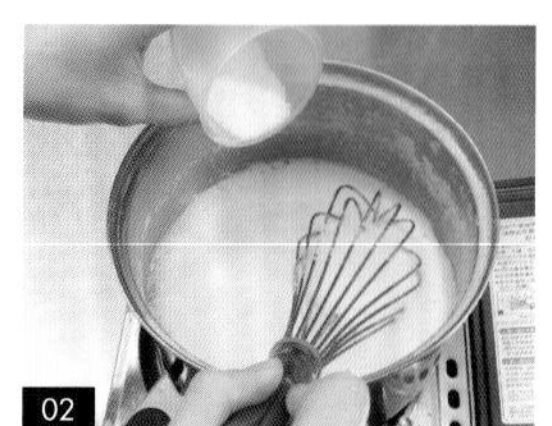

06 取小型容器，將三明治袋套在容器上，並加入少許紅色色粉，以調色。

07 在紅色色粉中加入少許鮮奶羊羹。

08 將三明治袋從容器上取下，並將三明治袋打結後，用手搓揉至羊羹均勻上色，即完成粉紅羊羹製作。

⇒ 紅色色粉加入白色鮮奶羊羹，形成粉紅羊羹。

09 重複步驟6-8，加入黃色色粉，以完成黃色羊羹製作。

10 如圖，白色、粉紅、黃色羊羹製作完成。

11 以剪刀將白色羊羹的三明治袋尖端平剪後，擠入魚型模具、圓形模具中，靜置凝固，即完成金魚、氣泡製作。

⇒ 勿預先將所有三明治袋剪開，以免羊羹凝固。

12 先在模具上噴水，以防止羊羹沾黏模具。

13 將剩下的白色羊羹擠入容器中，並靜置凝固。

14 重複步驟11-13，將粉紅羊羹、黃色羊羹分別擠入模具及容器中，靜置待凝固。

15 以花型壓模分別在三種顏色的羊羹上壓出花形片，並移除多餘羊羹，即完成花朵製作。

16 重複步驟15，以水滴形壓模壓出水滴形片，並移除多餘羊羹，即完成葉片製作。

17 重複步驟15，以銀杏形壓模壓出銀杏形片，並移除多餘的羊羹，即完成銀杏製作。

18 靜置凝固後脫模，用手彎折金魚模具及圓形模具，以取出金魚及氣泡，完成金魚及氣泡製作。

19 如圖，造型羊羹製作完成。

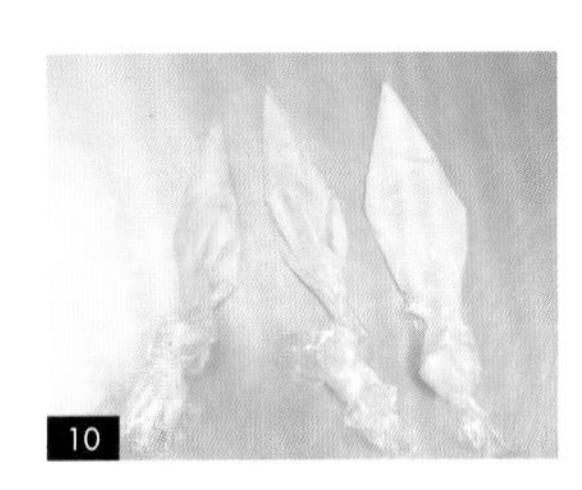
10

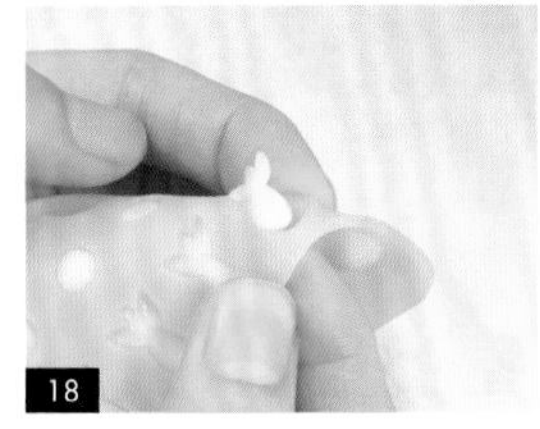
18

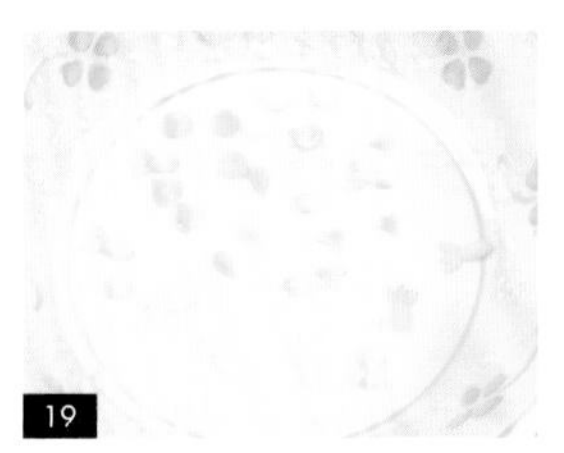
19

藍色羊羹製作

20 在鍋中倒入飲用水b、洋菜粉b，以打蛋器拌勻後開火。

21 將洋菜水煮至水滾後，再煮1分鐘，加入細砂糖b並以打蛋器持續攪拌，為透明羊羹。

22 取容器，在容器中加入少許藍色色粉。

→ 色粉先加入少許，再慢慢增加至所須的量，一次加入太多色粉易使羊羹顏色過重。

23 在藍色色粉中加入部分透明羊羹，拌勻調色，靜置凝固後，即完成藍色羊羹製作。

→ 將剩餘透明羊羹，放入已預熱至上火60度、下火60度的烤箱中保溫，備用。

脫模及組合

24 取花形模具，先噴水後倒入透明羊羹。

25 將藍色羊羹以已噴水的刀子挑起，加入花形模具中，以呈現水的質地，即完成水池。

→ 亦可先將藍色羊羹放入已預熱至上火60度、下火60度的烤箱中保溫後，再取出，直接倒入花形模具中。

26 將金魚、氣泡、花朵、葉片、銀杏隨意放入水池中結合，即完成金魚錦玉羹。

27 靜置凝固後，脫模，即可享用。

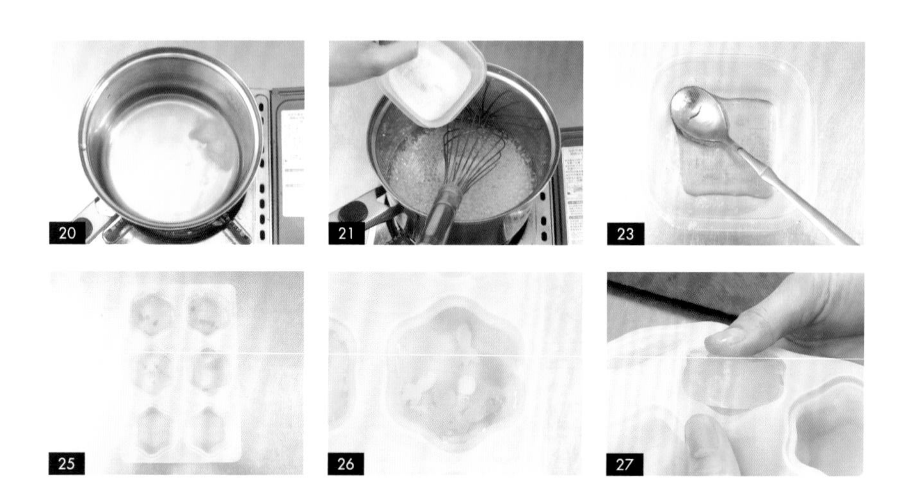

金魚錦玉羹製作
動態影片QRcode

Yokan No.12

◆ 羊羹製作

抹茶紅豆雙層羊羹

保存方式 冷藏密封保存10天。　**裁切時機** 冷卻後裁切。

INGREDIENTS 材料

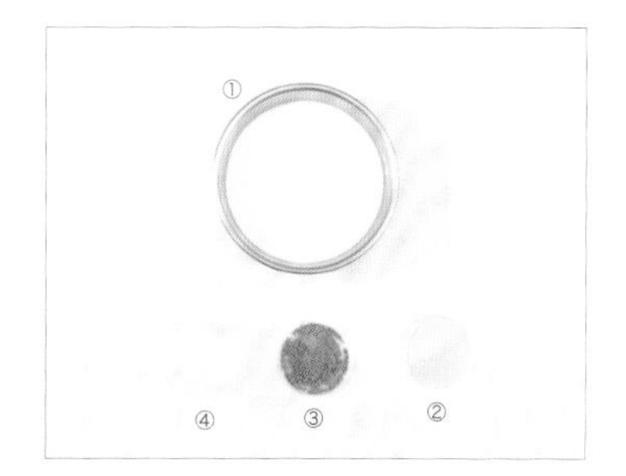

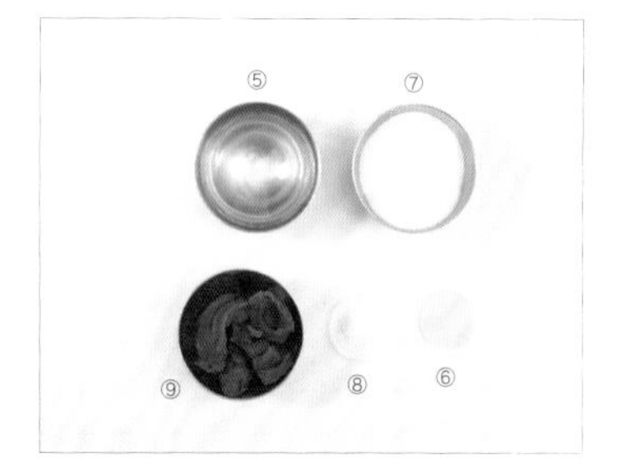

抹茶羊羹

① 鮮奶	300cc
② 洋菜粉 a	3g
③ 抹茶粉	3g
④ 細砂糖 a	30g

紅豆羊羹

⑤ 飲用水	150cc
⑥ 洋菜粉 b	3g
⑦ 細砂糖 b	150g
⑧ 鹽巴	2g
⑨ 紅豆沙	200g

STEP BY STEP 步驟

抹茶羊羹製作

01 準備一空鍋，倒入鮮奶、洋菜粉a，以打蛋器拌勻後開火。

02 將洋菜鮮奶煮至滾後，再煮1分鐘，加入細砂糖a，並以打蛋器持續攪拌，為鮮奶羊羹。

03 加入抹茶粉，並以打蛋器拌勻，即完成抹茶羊羹。

04 先在模具上噴水，以防止抹茶羊羹沾黏模具。

05 先將篩網放在模具上，再倒入抹茶羊羹，以過濾未溶解的抹茶塊。

06 以刮刀將篩網上的抹茶塊下壓刮入模具中，靜置凝固。

可將模具輕敲桌面以消除氣泡

07 如圖，抹茶羊羹製作完成。

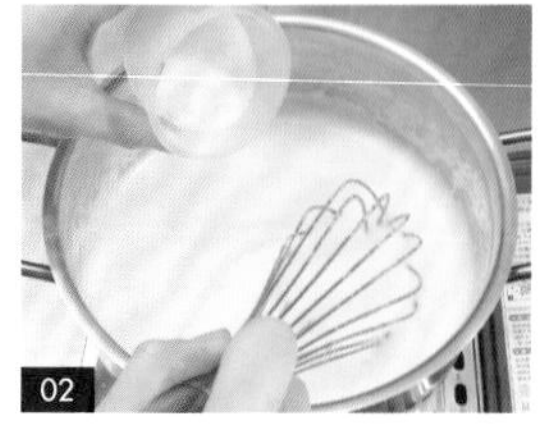

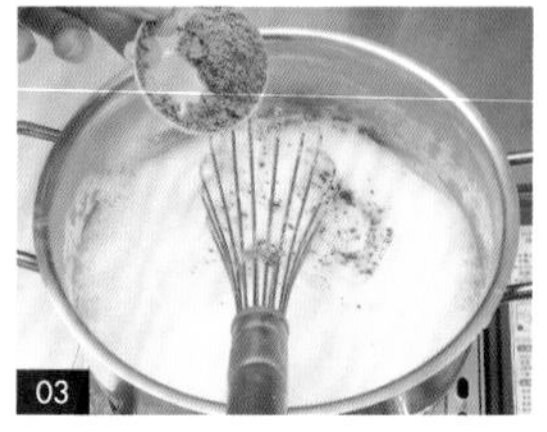

❀紅豆羊羹製作

08　準備一空鍋，倒入飲用水、洋菜粉b，以打蛋器拌勻後開火。

09　將洋菜水煮至水滾後，再煮1分鐘，加入½細砂糖b，以打蛋器持續攪拌。

10　水滾後，再加入剩下的½細砂糖b、鹽巴，並以打蛋器持續攪拌。

11　水滾後，加入紅豆沙，並以打蛋器拌勻並煮滾，放入探針測量溫度，待溫度升到100度，即完成紅豆羊羹。

❀脫模及組合

12　待抹茶羊羹凝固後，以刀子在表面輕劃數刀，但不須切斷，以幫助兩層羊羹結合。

⇒ 趁羊羹凝固但還有餘溫時進行，以免溫度不足而無法結合。

13　將紅豆羊羹倒入模具中，將模具輕敲桌面以消除氣泡後，靜置凝固，即完成抹茶紅豆雙層羊羹。

14　將刀子、砧板、波浪刀表面噴水。

15　以刀子劃過模具四邊，以幫助脫模。

16　以刀子掀起抹茶紅豆雙層羊羹邊緣，使羊羹和模具間產生空隙，以利脫模。

17　將模具倒扣在砧板上後，以將羊羹脫模。

18　以波浪刀將羊羹切成塊狀，以增加造型，即可享用。

⇒ 羊羹甜度高，可切成小塊，以免品嘗時膩口。

抹茶紅豆雙層羊羹
製作動態影片
QRcode

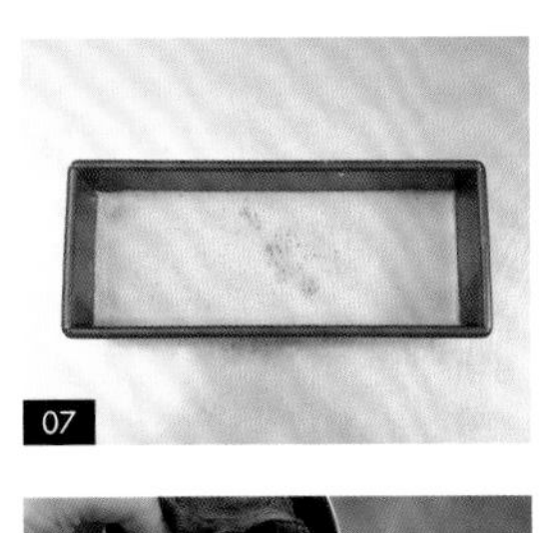

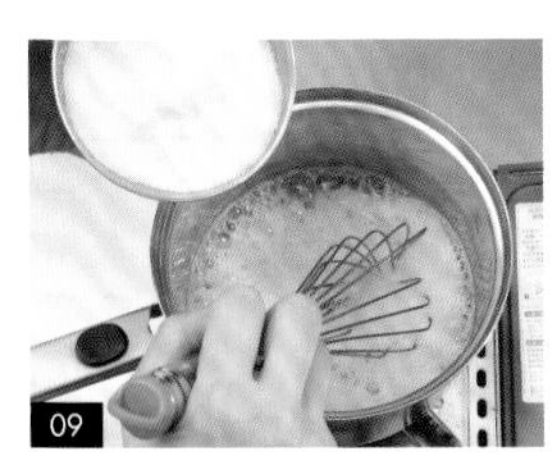

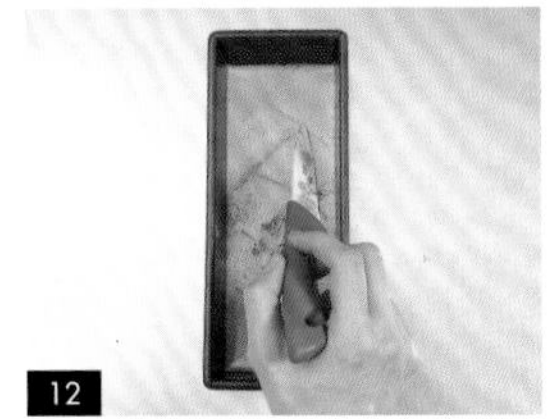

Yokan No.13

◆ 羊羹製作

富士山羊羹

INGREDIENTS 材料

鮮奶羊羹

① 鮮奶	100cc
② 洋菜粉 a	1g
③ 細砂糖 a	10g

白豆沙羊羹

④ 飲用水	150cc
⑤ 洋菜粉 b	3g
⑥ 細砂糖 b	150g
⑦ 鹽巴	2g
⑧ 白豆沙	200g

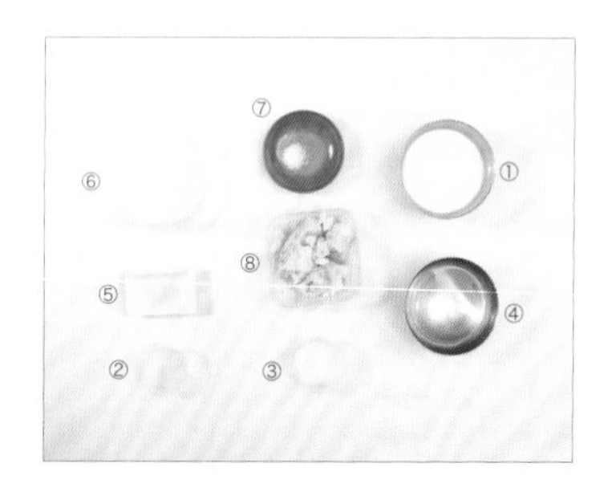

保存方式 冷藏密封保存10天。

裁切時機 冷卻後裁切。

鮮奶羊羹製作

01 準備一空鍋，倒入鮮奶、洋菜粉a，以打蛋器拌勻後開火。

02 將洋菜鮮奶煮至滾後，再煮1分鐘，加入細砂糖a，並以打蛋器持續攪拌，即完成鮮奶羊羹。

03 取山形模具，先以噴瓶在模具上噴水，以防止鮮奶羊羹沾黏模具。

04 以湯匙將鮮奶舀入山形模具中約$\frac{1}{8}$高後，靜置凝固，即完成鮮奶羊羹製作。

⇒ 只須加入少許鮮奶羊羹，以白色呈現山頂積雪貌。

白豆沙羊羹製作

05 在鍋中，倒入飲用水、洋菜粉b，以打蛋器拌勻後開火。

06 將洋菜水煮至水滾後，再煮1分鐘，加入$\frac{1}{2}$細砂糖b，以打蛋器持續攪拌。

07 水滾後，再加入剩下的$\frac{1}{2}$細砂糖b、鹽巴，並以打蛋器持續攪拌。

08 水滾後，加入白豆沙，並以打蛋器持續攪拌至水滾，放入探針測量溫度，待溫度升到100度，即完成白豆沙羊羹。

⇒ 可以刮刀為輔助，將黏在打蛋器上的白豆沙刮入鍋中。

09 將白豆沙羊羹倒入量杯中，備用。

脫模及組合

10 取鮮奶羊羹，並以刀子在表面輕劃數刀，但不須切斷，以幫助兩層羊羹結合。

11 將白豆沙羊羹倒入山形模具中填滿，即完成富士山羊羹後，靜置凝固。

⇒ 白豆沙流動性低，須耐心操作。

12 將富士山羊羹脫模，即可享用。

01

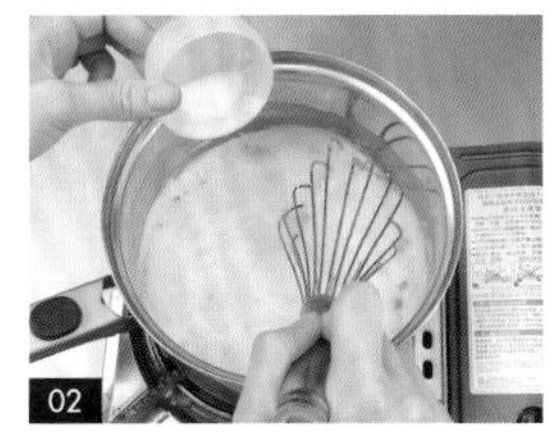
02

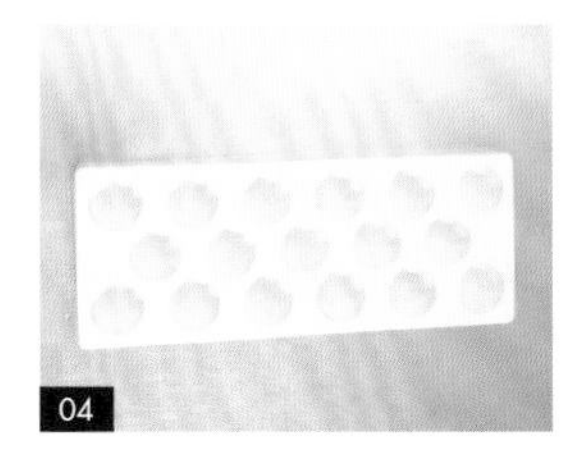
04

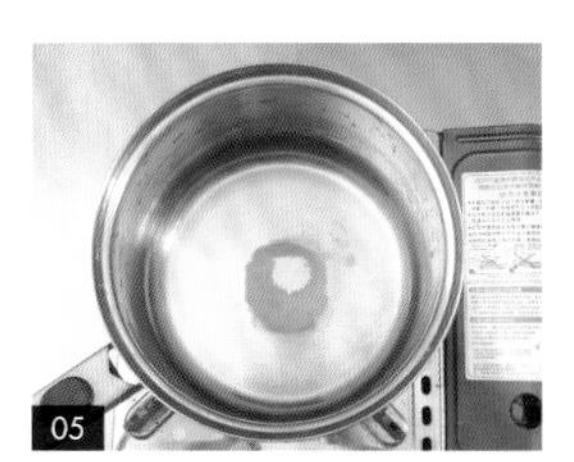
05

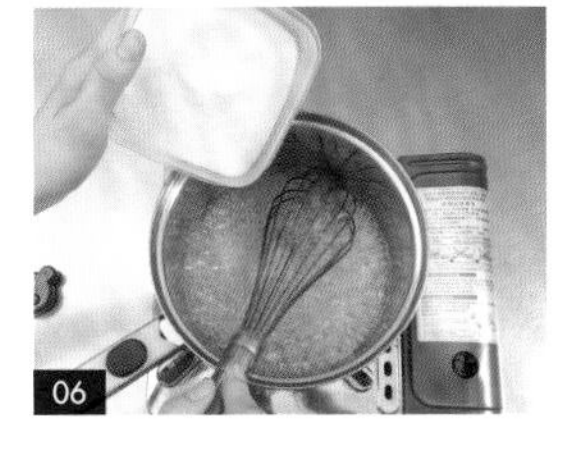
06

07

08

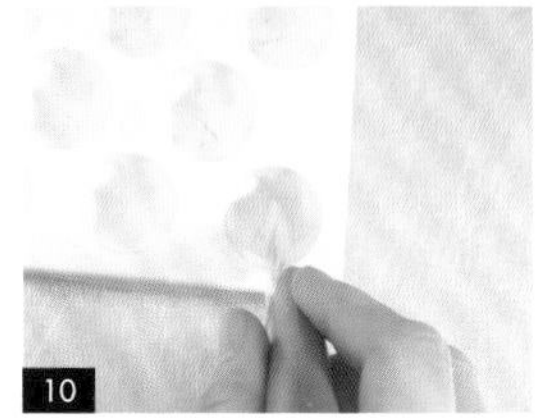
10

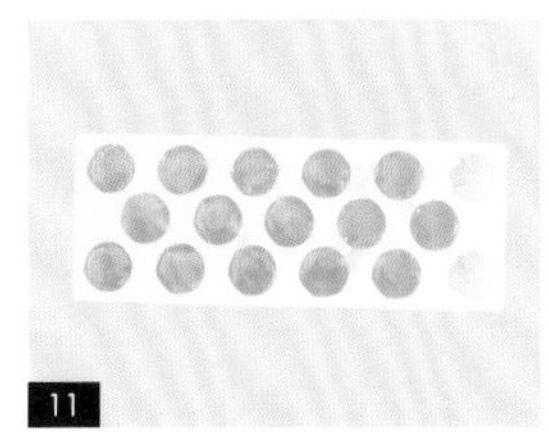
11

12

富士山羊羹製作動態影片 QRcode

Yokan No.14

◆ 羊羹製作

梅酒羊羹

保存方式 冷藏密封保存10天。　　**裁切時機** 冷卻後裁切。

INGREDIENTS 材料

① 青梅丁（切丁） 25g
② 梅酒沙瓦 300cc
③ 洋菜粉 3g
④ 細砂糖 60g

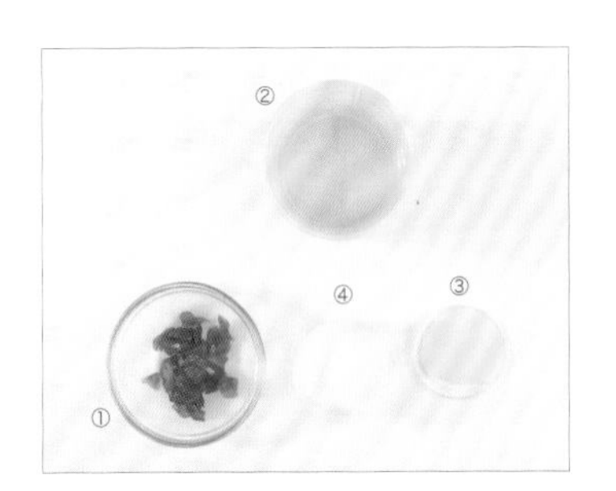

STEP BY STEP 步驟

梅酒羊羹製作

01 將青梅切丁，備用。

02 準備一空鍋，倒入梅酒沙瓦、洋菜粉，以打蛋器拌勻後開火。

03 將洋菜酒煮至水滾，再煮1分鐘，加入細砂糖，以打蛋器持續攪拌至細砂糖完全溶解，即完成梅酒羊羹。

04 先在模具上噴水，以防止梅酒羊羹沾黏模具。

05 將梅酒羊羹倒入模具中。

06 將青梅丁隨意放入梅酒羊羹中，並將模具輕敲桌面以消除氣泡後，靜置凝固。

脫模及切塊

07 將砧板及刀子噴水後，以刀子劃過模具四邊，將羊羹脫模。

08 將羊羹以已噴水的波浪刀切成塊狀，即可享用。

⇒ 以波浪刀切羊羹，可增加造型。

梅酒羊羹製作
動態影片 QRcode

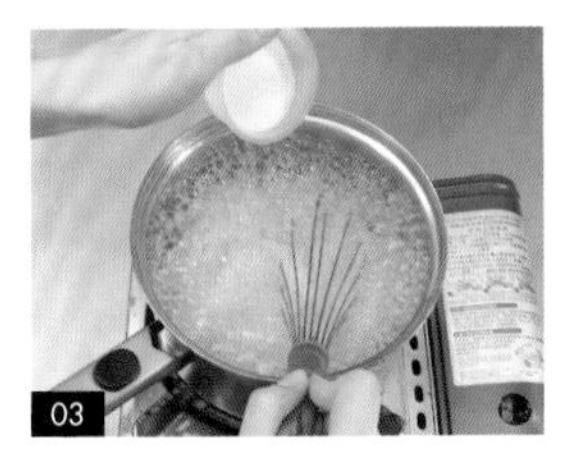

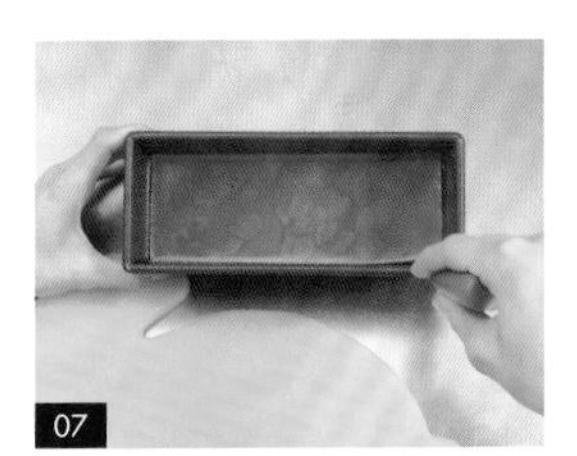

Crispy Rice No.15

◆ 米香製作

咖哩米香

INGREDIENTS 材料

① 米乾 270g
（可參考米乾製作 P.20。）
② 烤熟腰果 90g
③ 飲用水 80cc
④ 水麥芽 130g
⑤ 細砂糖 130g
⑥ 鹽巴 3g
⑦ 咖哩糊 35g
⑧ 義式香料粉 少許

保存方式 常溫密封保存14天。

裁切時機 冷卻後裁切。

STEP BY STEP 步驟

❀ 前置作業

01 將烤箱預熱至上火100度、下火100度。

02 取一鋼盆，加入米乾、烤熟腰果後，放入已預熱好的烤箱中保溫，備用。

❀ 咖哩米香糊製作

03 準備一空鍋，並依序倒入飲用水、水麥芽、細砂糖、鹽巴、咖哩糊後，開火。

⇨ 先加入液態材料，再加入固態材料。

04 在鍋中放入探針以測量溫度，待溫度升至113度時關火。

⇨ 無須攪拌咖哩糊。

05 取出保溫的米乾、烤熟腰果，並加入鍋中。

06 以刮刀切拌咖哩米香糊後，將邊緣的米香往中間刮，以加強拌勻。

07 將耐熱塑膠袋平放在整形盤上後，以烤盤油在耐熱塑膠袋、刮刀、刮板、雙手上噴油，以防止沾黏。

08 以刮刀為輔助，將鍋中的咖哩米香糊刮入整形盤中。

09 以刮板為輔助，整糖，將咖哩米香糊推開至整形盤四角。

10 將刮板平放在咖哩米香糊上，並用雙手按壓，以整平表面。

11 取義式香料粉，在咖哩米香糊表面均勻撒上，以增加香氣，靜置冷卻後，即完成咖哩米香製作。

❀ 脫模及裁切

12 在切糖刀表面抹上無鹽奶油（或烤盤油）後，以烤盤油在砧板、雙手上噴油，以防止咖哩米香沾黏。

13 將咖哩米香取出，以切糖刀將咖哩米香切成塊狀，即可享用。

咖哩米香製作
動態影片
QRcode

01

03-1

03-2

04

05

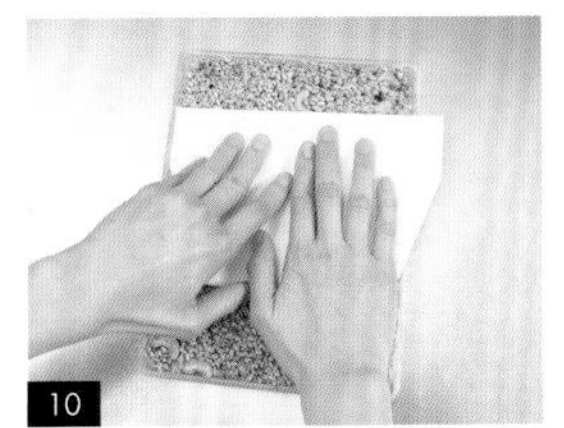
10

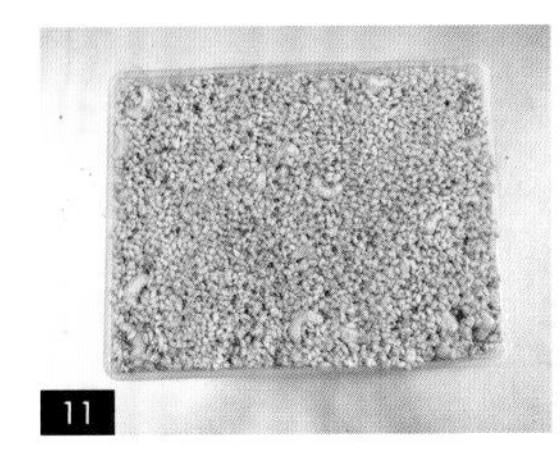
11

13

Crispy Rice No.16

◆ 米香製作

青醬米香

保存方式 常溫密封保存14天。 **裁切時機** 冷卻後裁切。

INGREDIENTS 材料

① 米乾 270g
（可參考米乾製作 P.20。）
② 烤熟腰果 100g
③ 飲用水 80cc
④ 水麥芽 130g
⑤ 細砂糖 130g
⑥ 鹽巴 3g
⑦ 青醬 50g
⑧ 紅椒粉 少許

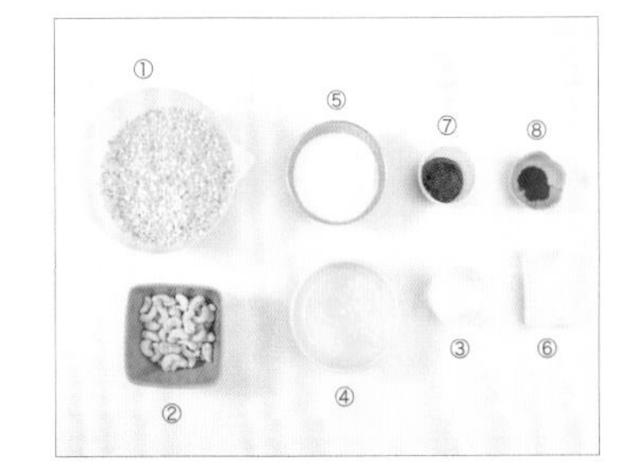

STEP BY STEP 步驟

❀ 前置作業

01 將烤箱預熱至上火100度、下火100度。

02 取一容器，加入米乾、烤熟腰果後，放入已預熱好的烤箱中保溫，備用。

❀ 青醬米香糊製作

03 準備一空鍋，並依序倒入飲用水、水麥芽、細砂糖、鹽巴、青醬後，開火。

⇒ 先加入液態材料，再加入固態材料。

04 在鍋中放入探針以測量溫度，待溫度升至113度時關火。

⇒ 無須攪拌青醬糊。

05 取出保溫的米乾、烤熟腰果，並加入鍋中。

02

03

04

05

06 以刮刀切拌青醬米香糊後，將邊緣的米香往中間刮，以加強拌勻。

07 將耐熱塑膠袋平放在整形盤上後，以烤盤油在耐熱塑膠袋、刮刀、刮板、雙手上噴油，以防止沾黏。

08 以刮刀為輔助，將鍋中的青醬米香糊刮入整形盤中。

09 以刮板為輔助，整糖，將青醬米香糊推開至整形盤四角。

10 將刮板平放在青醬米香糊上，並用雙手按壓，以整平表面。

11 取紅椒粉，在青醬米香糊表面均勻撒上，以增加香氣，靜置冷卻後，即完成青醬米香製作。

❀ 脫模及裁切

12 在切糖刀表面抹上無鹽奶油（或烤盤油）後，以烤盤油在砧板、雙手上噴油，以防止青醬米香沾黏。

13 將青醬米香取出。

14 以切糖刀將青醬米香切成塊狀，即可享用。

青醬米香製作
動態影片
QRcode

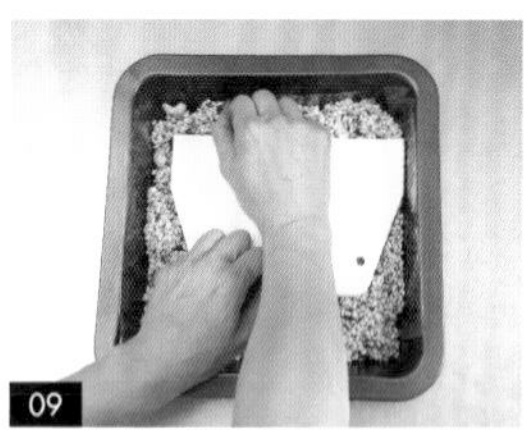

Crispy Rice No.17

• 米香製作

芝麻花生米香

INGREDIENTS 材料

① 米乾 270g
（可參考米乾製作 P.20。）
② 糙米粉 27g
③ 烤熟花生 100g
④ 烤熟芝麻 6g
⑤ 飲用水 80cc
⑥ 水麥芽 130g
⑦ 細砂糖 130g
⑧ 鹽巴 3g

保存方式 常溫密封保存14天。

裁切時機 冷卻後裁切。

STEP BY STEP 步驟

前置作業

01 將烤箱預熱至上火100度、下火100度。

02 取一容器，加入米乾，烤熟花生、烤熟芝麻、糙米粉後，放入已預熱好的烤箱中保溫，備用。

芝麻花生米香糊製作

03 準備一空鍋，並依序倒入飲用水、水麥芽、細砂糖、鹽巴，再開火。

⇨ 先加入液態材料，再加入固態材料。

04 在鍋中放入探針以測量溫度，待溫度升至113度時關火。

⇨ 溫度越高，米香成品口感越硬。

05 取出保溫的米乾、烤熟花生、烤熟芝麻、糙米粉，並加入鍋中。

06 以刮刀切拌芝麻花生米香糊後，將邊緣的米香往中間刮，以加強拌勻。

07 將耐熱塑膠袋平放在整形盤上後，以烤盤油在耐熱塑膠袋、刮刀、刮板、雙手上噴油，以防止沾黏。

08 以刮刀為輔助，將鍋中的芝麻花生米香糊刮入整形盤中。

09 以刮板為輔助，整糖，將芝麻花生米香糊推開至整形盤四角。

10 將刮板平放在芝麻花生米香糊上，並用雙手按壓，以整平表面後，靜置冷卻，即完成芝麻花生米香製作。

脫模及裁切

11 在切糖刀表面抹上無鹽奶油（烤盤油）後，以烤盤油在砧板、雙手上噴油，以防止芝麻花生米香沾黏。

12 將芝麻花生米香取出。

13 以切糖刀將芝麻花生米香切成塊狀，即可享用。

芝麻花生米香
製作動態影片 QRcode

02

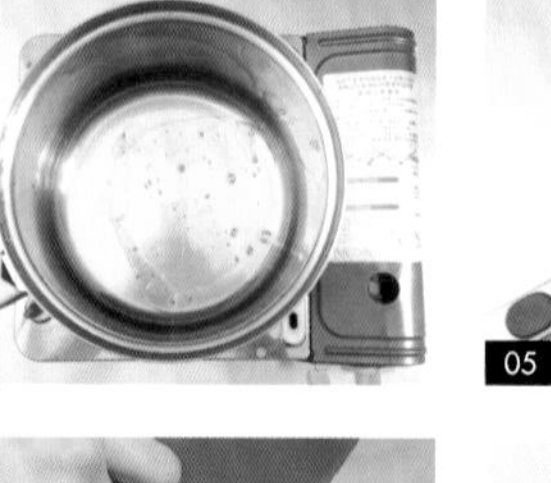

03

05

08

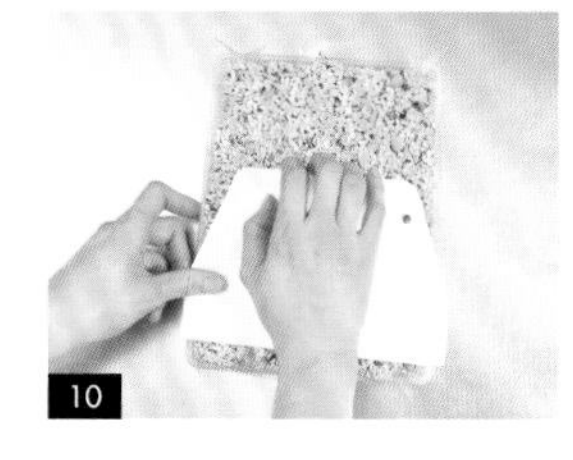

10

13

Crispy Rice No.18

◆ 米香製作

紫薯米香

INGREDIENTS 材料

① 米乾	270g	⑤ 飲用水	80cc
（可參考米乾製作 P.20。）		⑥ 水麥芽	130g
② 紫薯粉	30g	⑦ 細砂糖	130g
③ 烤熟花生	100g	⑧ 鹽巴	3g
④ 芋條餅乾	50g		

保存方式 常溫密封保存14天。

裁切時機 冷卻後裁切。

STEP BY STEP 步驟

前置作業

01 將烤箱預熱至上火100度、下火100度。

02 取一容器，加入米乾、紫薯粉、烤熟花生、芋條餅乾後，放入已預熱好的烤箱中保溫，備用。

紫薯米香糊製作

03 準備一空鍋，並依序倒入飲用水、水麥芽、細砂糖、鹽巴，再開火。

⇒ 先加入液態材料，再加入固態材料。

04 在鍋中放入探針以測量溫度，待溫度升至113度時關火。

⇒ 溫度越高，米香成品口感越硬。

05 取出保溫的米乾、紫薯粉、烤熟花生、芋條餅乾，並加入鍋中。

06 以刮刀切拌紫薯米香糊後，將邊緣的米香往中間刮，以加強拌勻。

07 將耐熱塑膠袋平放在整形盤上後，以烤盤油在耐熱塑膠袋、刮刀、刮板、雙手上噴油，以防止沾黏。

08 以刮刀為輔助，將鍋中的紫薯米香糊刮入整形盤中。

09 以刮板為輔助，整糖，將紫薯米香糊推開至整形盤四角。

10 將刮板平放在紫薯米香糊上，並用雙手按壓，以整平表面後，靜置冷卻，即完成紫薯米香製作。

脫模及裁切

11 在切糖刀表面抹上無鹽奶油（或烤盤油）後，以烤盤油在砧板、雙手上噴油，以防止紫薯米香沾黏。

12 將紫薯米香取出。

13 以切糖刀將紫薯米香切成塊狀，即可享用。

紫薯米香製作
動態影片 QRcode

02

03

04

05

08

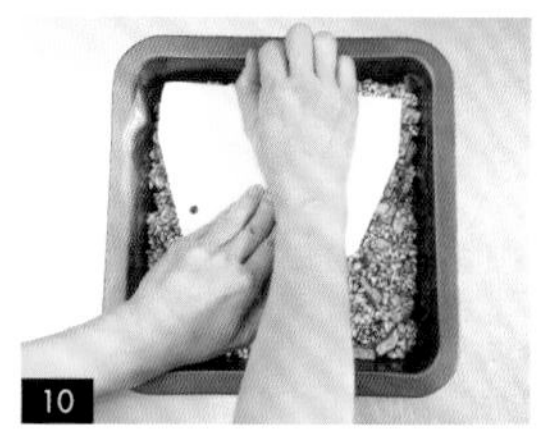
10

13

肉鬆米香

INGREDIENTS 材料

① 米乾 270g
（可參考米乾製作 P.20。）
② 肉鬆 60g
③ 烤熟花生 110g
④ 飲用水 80cc
⑤ 水麥芽 130g
⑥ 細砂糖 130g
⑦ 鹽巴 3g

保存方式 常溫密封保存14天。

裁切時機 冷卻後裁切。

STEP BY STEP 步驟

❀ 前置作業

01 將烤箱預熱至上火100度、下火100度。

02 取一容器，先加入米乾、肉鬆、烤熟花生後，放入已預熱好的烤箱中保溫，備用。

⇒ 也可分別將米乾、肉鬆、烤熟花生放入不同容器，再進烤箱保溫。

❀ 肉鬆米香糊製作

03 準備一空鍋，並依序倒入飲用水、水麥芽、細砂糖、鹽巴，開火。

⇒ 先加入液態材料，再加入固態材料。

04 在鍋中放入探針以測量溫度，待溫度升至113度時關火。

⇒ 溫度越高，米香成品口感越硬。

05 取出保溫的米乾、肉鬆、烤熟花生，並加入鍋中。

06 以刮刀切拌肉鬆米香糊後，將邊緣的米香往中間刮，以加強拌勻。

07 將耐熱塑膠袋平放在整形盤上後，以烤盤油在耐熱塑膠袋、刮刀、刮板、雙手上噴油，以防止沾黏。

08 以刮刀為輔助，將鍋中的肉鬆米香糊刮入整形盤中。

09 以刮板為輔助，整糖，將肉鬆米香糊推開至整形盤四角。

10 將刮板平放在肉鬆米香糊上，並用雙手按壓，以整平表面後，靜置冷卻，即完成肉鬆米香製作。

❀ 脫模及裁切

11 在切糖刀表面抹上無鹽奶油（或烤盤油）後，以烤盤油在砧板、雙手上噴油，以防止肉鬆米香沾黏。

12 將肉鬆米香取出，以切糖刀將肉鬆米香切成塊狀，即可享用。

肉鬆米香製作
動態影片 QRcode

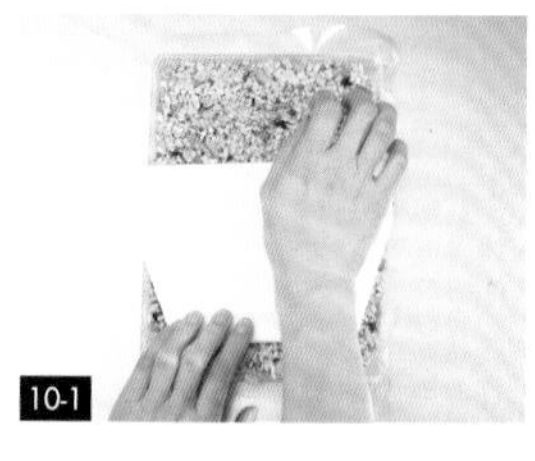

Combination of Candy & Biscuits No.20

◆ 糖果與餅乾的結合

原味布雪蛋糕 & 香橙棉花糖

保存方式 常溫密封保存7天。 **取出時機** 冷卻後取出。

INGREDIENTS 材料

① 全蛋（常溫） 2顆
② 糖粉 90g
③ 低筋麵粉 125g
④ 全脂奶粉 10g
⑤ 泡打粉 2g
⑥ 液態油 12cc
⑦ 香橙口味棉花糖糊 適量
（可參考懶熊造型棉花糖 P.24-25。）
⑧ 防潮糖粉 適量

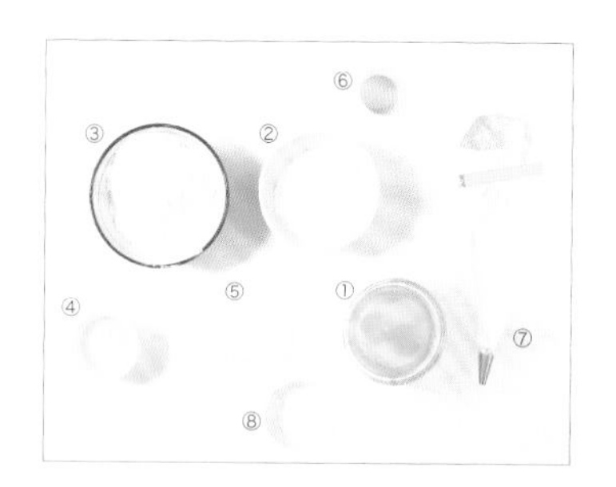

STEP BY STEP 步驟

前置作業

01 將全蛋靜置至恢復常溫後，放入空鋼盆中。

02 取鍋子，先加水，再將鋼盆放在鍋內，以預備將蛋隔水加熱。

03 以打蛋器將全蛋拌勻，為全蛋液，並在鋼盆中放入探針。

⇒ 隔水加熱全蛋液，以免溫度過低而無法打發。

04 開火，以打蛋器持續攪拌全蛋液至40度，備用。

⇒ 須持續攪拌全蛋液，以防止受熱不均而凝固。

05 取容器，以篩網為輔助，將糖粉過篩入容器中。

06 以刮刀為輔助，壓拌糖粉以加速過篩，備用。

07 重複步驟5-6，再取一容器，將泡打粉、全脂奶粉、低筋麵粉混合過篩，為混合麵粉，備用。

01

07

08

09

❀ 麵糊製作

08 先將加溫至40度的全蛋液，取電動攪拌機以中速打至大泡泡狀態後，加入½糖粉，並持續攪拌。

⇒ 將鋼盆稍微傾斜，可提升打發速度。

09 以中速打至全蛋呈現細緻狀態後，加入剩下的½糖粉，並持續打發至顏色逐漸變白。

10 持續將全蛋液以中速打發，至蛋液滴落，痕跡慢慢消失的狀態。

11 加入½過篩後的混合麵粉，並加入½液態油。

12 以打蛋器沿鋼盆邊緣翻拌麵糊。

13 以打蛋器翻拌至看不見粉粒。

14 以刮刀拌勻麵糊。

15 將花嘴放入三明治袋中，並將三明治袋尖端以剪刀平剪小洞。

16 用手將花嘴前端由小洞拉出後，再扭轉花嘴以固定塑膠袋。

17 取量杯，並放入三明治袋後，以刮刀為輔助，將鋼盆中的麵糊刮入量杯中。

18 將三明治袋提起，並在尾端打結，即完成麵糊製作。

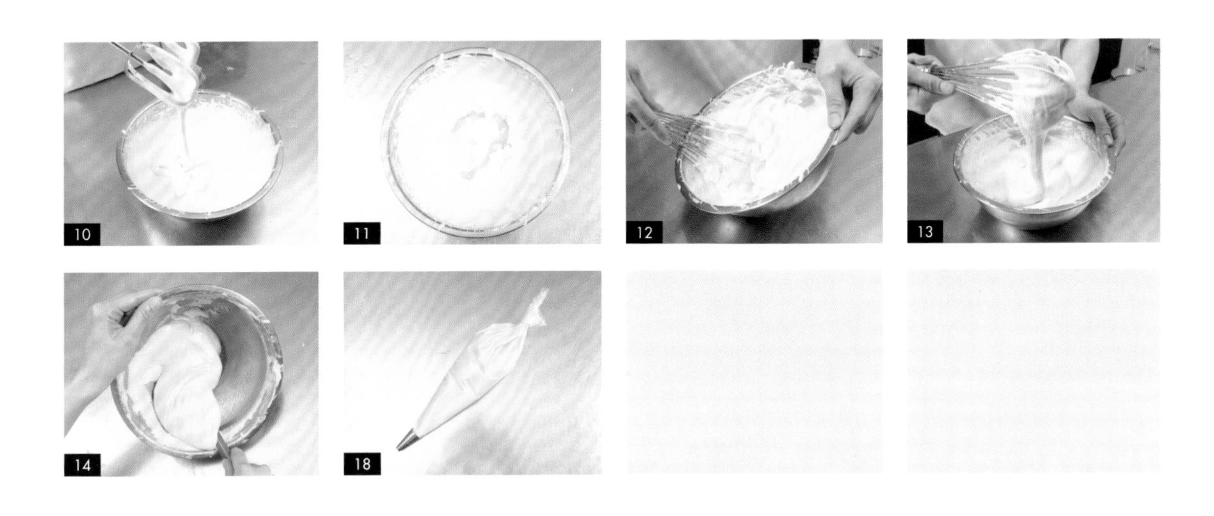

❀ 烘烤及組合

19　在烤盤上鋪上烘焙布後，以三明治袋擠出圓形麵糊。

⇒ 圓形麵糊間須預留間隔，以免烘烤後膨脹相連。

20　用手水平抬高烤盤，並用另一手拍打烤盤底部，以振動麵糊減少空隙。

⇒ 拍打烤盤底部以將麵糊中的空氣排出。

21　將麵糊放入已預熱至上火130度、下火130度的烤箱中，烘烤7分鐘。

22　取出麵糊，並轉向180度後，再烘烤7分鐘，即完成布雪蛋糕。

⇒ 將烤盤轉向再烘烤，以使麵糊均勻受熱。

23　從烤箱中取出布雪蛋糕後，靜置冷卻。

⇒ 須待蛋糕冷卻後再擠上棉花糖糊，以防止棉花糖糊融化。

24　製作香橙棉花糖糊，並擠在布雪蛋糕背面中心處，預留蛋糕邊緣，以防蓋上另一片蛋糕體時棉花糖溢出。

⇒ 香橙棉花糖糊製作可參考懶熊造型棉花糖 P.24-25；勿擠上過多棉花糖糊，以防組合時溢出。

25　待香橙棉花糖稍微凝固後，放上另一片布雪蛋糕。

⇒ 靜置棉花糖，以防蓋上蛋糕時棉花糖受壓變形。

26　以篩網為輔助，在布雪蛋糕及香橙棉花糖雙面撒上防潮糖粉，即可享用。

⇒ 可將布雪蛋糕及香橙棉花糖放入防潮糖粉中，以將邊緣沾上糖粉。

原味布雪蛋糕 &
香橙棉花糖製作
動態影片 QRcode

19

20-1

20-2

21

24

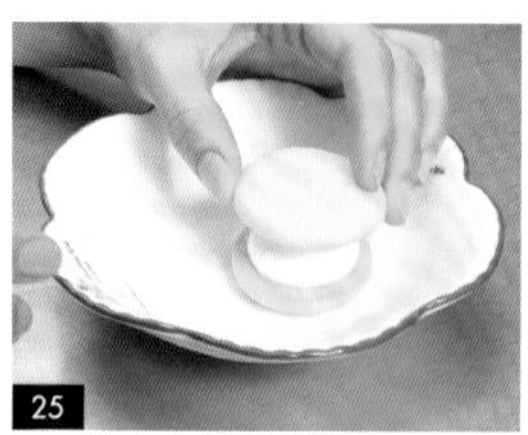

25

26-1

26-2

Combination of Candy & Biscuits No.21

◆ 糖果與餅乾的結合

抹茶布雪蛋糕 & 玫瑰棉花糖

保存方式 常溫密封保存7天。　取出時機 冷卻後取出。

INGREDIENTS 材料

① 全蛋（常溫）	2顆	
② 糖粉	100g	
③ 全脂奶粉	10g	
④ 抹茶粉	8g	
⑤ 低筋麵粉	100g	
⑥ 泡打粉	2g	
⑦ 液態油	25cc	
⑧ 玫瑰口味棉花糖糊	適量	（可參考小豬仔造型棉花糖 P.55-56。）
⑨ 防潮糖粉	適量	

STEP BY STEP 步驟

前置作業

01 將全蛋靜置至恢復常溫後，放入空鋼盆中。

02 取鍋子，先加水，再將鋼盆放在鍋內，以預備將蛋隔水加熱。

03 以打蛋器將全蛋拌勻，為全蛋液，並在鋼盆中放入探針。

⇒ 隔水加熱全蛋液，以免溫度過低而無法打發。

04 開火，以打蛋器持續攪拌全蛋液至40度，備用。

⇒ 須持續攪拌全蛋液，以防止受熱不均而凝固。

05 取容器，以篩網為輔助，將糖粉過篩入容器中。

06 重複步驟5，再取一容器，將泡打粉、全脂奶粉、抹茶粉、低筋麵粉混合過篩，為抹茶麵粉，備用。

04

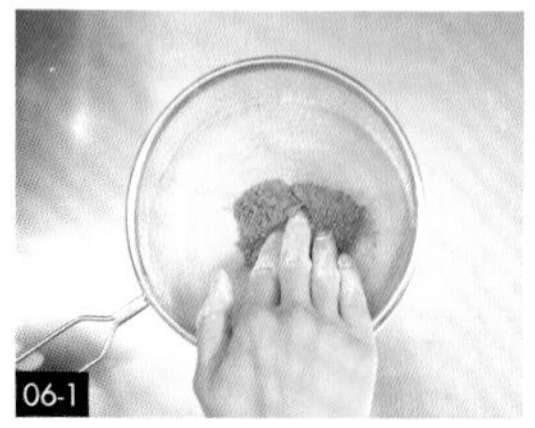
06-1

06-2

07

麵糊製作

07 先將加溫至40度的全蛋液倒入桌上型電動攪拌機中，以球狀攪拌器打至大泡泡狀態後，再加入½糖粉，並持續攪拌。

⇒ 將鋼盆稍微傾斜，可提升打發速度。

08 打至全蛋呈現細緻狀態後，加入剩下的½糖粉，並持續打發至顏色逐漸變白。

09 持續以桌上型電動攪拌機將全蛋液打發，至蛋液滴落，痕跡慢慢消失的狀態。

10 加入½過篩後的抹茶麵粉，並加入½油。

11 以打蛋器沿鋼盆邊緣翻拌。

12 以打蛋器翻拌直到看不見粉粒。

13 以打蛋器翻拌至粉粒溶入麵糊後，以刮刀拌勻麵糊，為抹茶麵糊。

14 將花嘴放入三明治袋中，並將三明治袋尖端以剪刀平剪小洞。

15 用手將花嘴前端由小洞拉出後，再扭轉花嘴以固定塑膠袋。

16 取量杯，並放入三明治袋後，以刮刀為輔助，將鋼盆中的抹茶麵糊刮入量杯中。

17 將三明治袋提起，並在尾端打結，即完成抹茶麵糊製作。

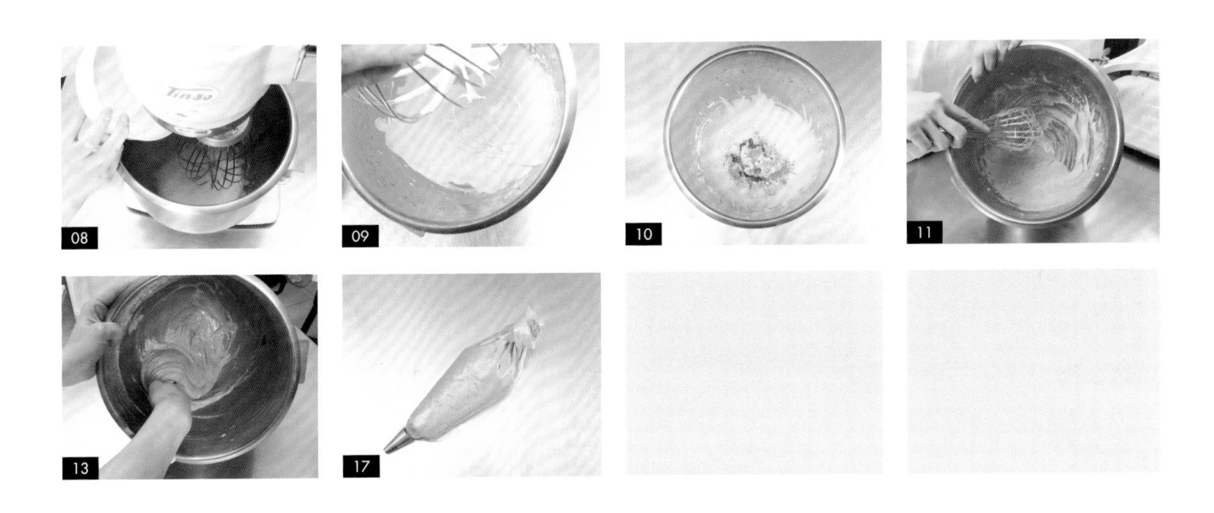

❀ 烘烤及組合

18　在烤盤上鋪上烘焙布後，以三明治袋擠出圓形麵糊。

⇒ 圓形麵糊間須預留間隔，以免烘烤後膨脹相連。

19　用手水平抬高烤盤，並用另一手拍打烤盤底部，以振動麵糊減少空隙。

⇒ 拍打烤盤底部以將麵糊中的空氣排出。

20　將麵糊放入已預熱至上火130度、下火130度的烤箱中，烘烤7分鐘。

21　取出麵糊，並轉向180度後，再烘烤7分鐘，即完成抹茶布雪蛋糕。

⇒ 將烤盤轉向再烘烤，以使麵糊均勻受熱。

22　從烤箱中取出抹茶布雪蛋糕後，靜置冷卻。

⇒ 須待蛋糕冷卻後再擠上棉花糖糊，以防止棉花糖糊融化。

23　製作玫瑰棉花糖糊，並擠在抹茶布雪蛋糕背面中心處，預留蛋糕邊緣，以防蓋上另一片蛋糕體時棉花糖溢出。

⇒ 玫瑰棉花糖糊製作可參考小豬仔造型棉花糖P.55-56；勿擠上過多棉花糖糊，以防組合時溢出。

24　待玫瑰棉花糖稍微凝固後，放上另一片抹茶布雪蛋糕。

⇒ 靜置棉花糖，以防蓋上蛋糕時棉花糖受壓變形。

25　以篩網為輔助，在抹茶布雪蛋糕及玫瑰棉花糖雙面撒上防潮糖粉，即可享用。

⇒ 可將布雪蛋糕及香橙棉花糖放入防潮糖粉中，以將邊緣沾上糖粉。

抹茶布雪蛋糕 &
玫瑰棉花糖製作
動態影片 QRcode

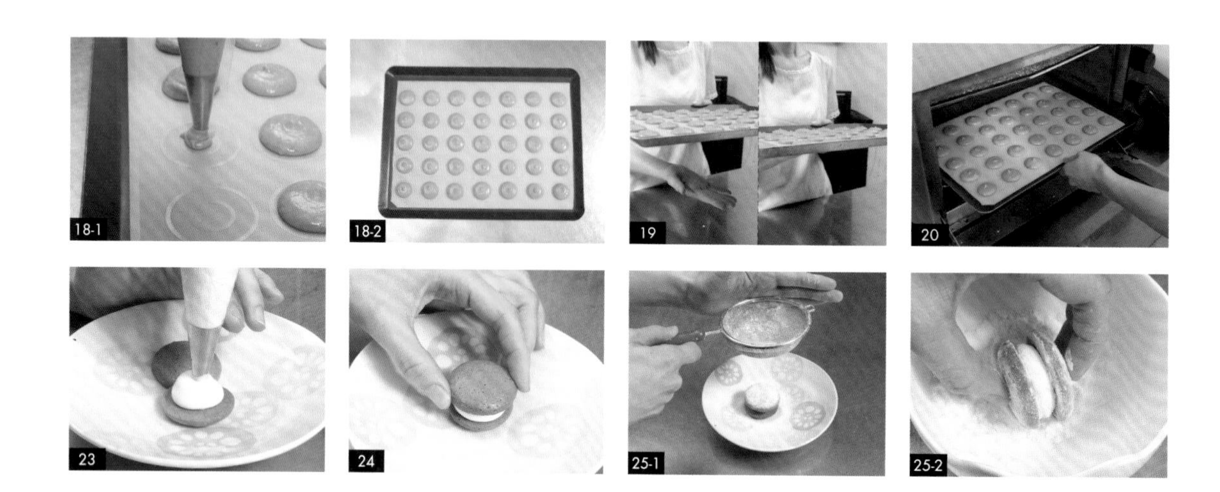

Combination of Candy & Biscuits No.22

◆ 糖果與餅乾的結合

堅果塔

保存方式 常溫密封保存7天。

INGREDIENTS 材料

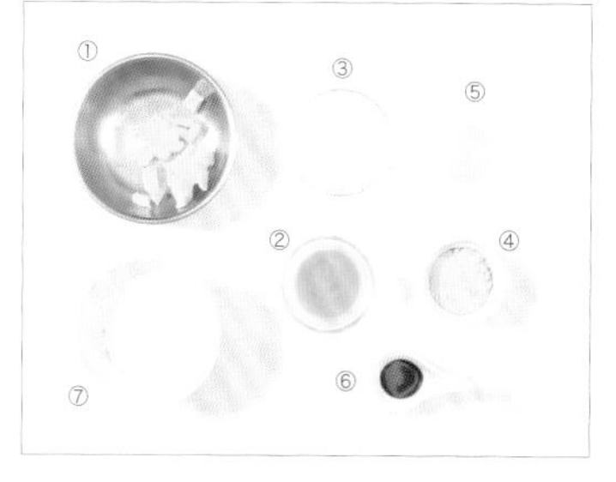

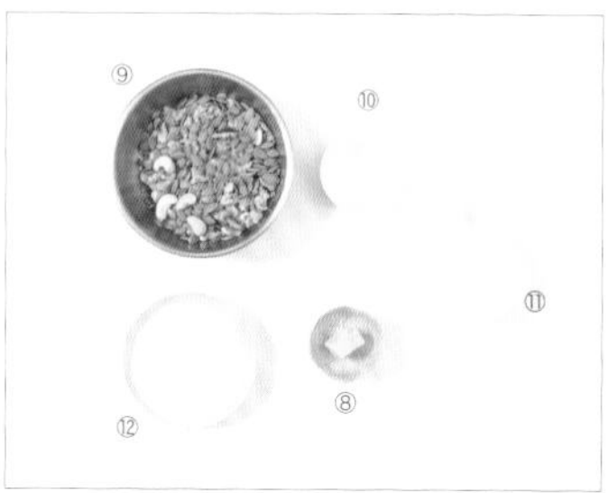

塔皮

① 無鹽奶油 a（冷藏）	45g
② 蛋黃	18g
③ 糖粉	36g
④ 杏仁粉	20g
⑤ 奶粉	10g
⑥ 香草醬	少許
⑦ 低筋麵粉	130g

內餡

⑧ 無鹽奶油 b（常溫回軟）	9g
⑨ 烤熟綜合堅果	175g
⑩ 動物性鮮奶油	45g
⑪ 水麥芽	30g
⑫ 細砂糖	60g

STEP BY STEP 步驟

前置作業

01 將無鹽奶油a冷藏，並將無鹽奶油b常溫回軟，備用。

02 從全蛋中取出蛋黃，蓋上保鮮膜，備用。

⇒ 蓋上保鮮膜，以防止蛋黃表面風乾。

03 將烤熟綜合堅果放入已預熱至上火100度、下火100度的烤箱中保溫，備用。

塔皮製作

04 取一鋼盆，先以刮刀為輔助，倒入無鹽奶油a，再取篩網，將糖粉過篩加入無鹽奶油a中後，以刮刀拌勻。

05 以電動攪拌機將無鹽奶油a、糖粉打至呈絨毛狀態。

⇒ 將無鹽奶油a及糖粉打至呈現撕裂狀。

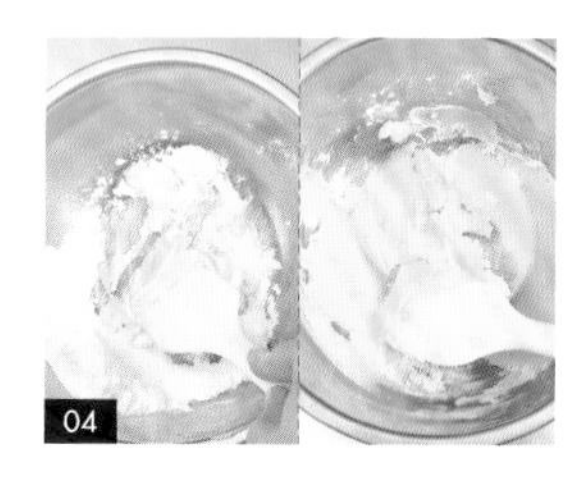
04

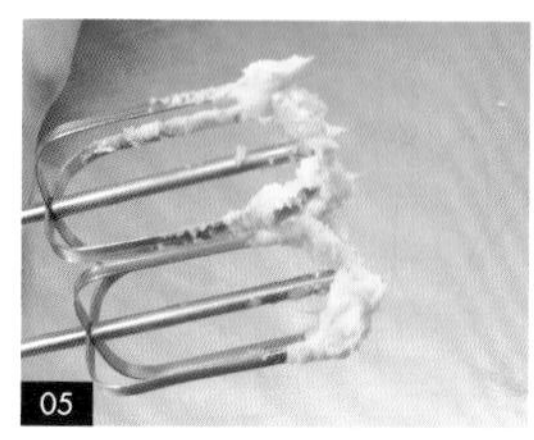
05

06

07

06　在鋼盆中加入蛋黃後，以電動攪拌機拌勻。

⇒ 一顆蛋黃約為18公克。

07　在鋼盆中加入杏仁粉後，以電動攪拌機拌勻。

⇒ 杏仁粉無須過篩。

08　以篩網為輔助，在盆上過篩奶粉，並以刮刀拌勻。

09　取少許香草醬，加入鋼盆中，並以刮刀拌勻。

10　以篩網為輔助，在盆上過篩½低筋麵粉，並以刮刀切拌均勻。

⇒ 以切拌法混合材料，可防止麵團出筋影響口感。

11　以篩網為輔助，在盆上過篩剩下的½低筋麵粉，再以刮刀切拌均勻，直到看不到粉粒，並整理成團後，靜置冷藏半小時，即完成麵團製作。

12　取塔皮模具，噴烤盤油，以防止沾黏。

⇒ 可以無鹽奶油均勻塗抹模具，以防止死角沾黏塔皮。

13　取15公克的麵團，用手搓揉成圓形後，放入塔皮模具中。

14　先用大拇指將塔皮模具中的麵團壓平，再順著模具壓至貼合後，以刮板刮除高於塔皮模具的麵團。

15 以叉子在塔皮上戳洞，以防止塔皮膨脹。

- 模具邊緣的塔皮也須以叉子戳洞。

16 將塔皮放入已預熱至上火180度、下火180度的烤箱中，烘烤10分鐘。

17 取出塔皮，並轉向180度，再烘烤8分鐘後，從烤箱中取出，放涼。

- 將烤盤轉向再烘烤，以使麵糊均勻受熱。

18 將塔皮脫模，即完成塔皮製作。

堅果內餡製作

19 準備一空鍋，先依序倒入動物鮮奶油、水麥芽、細砂糖、無鹽奶油b後，開火，煮勻。

- 先加入液態材料，再加入固態材料。

20 取出保溫的烤熟綜合堅果，並加入鍋中後，以刮刀拌勻，即完成堅果內餡製作。

堅果塔製作動態影片 QRcode

組合

21 取塔皮，以湯匙將堅果內餡舀進塔皮中，即可享用。

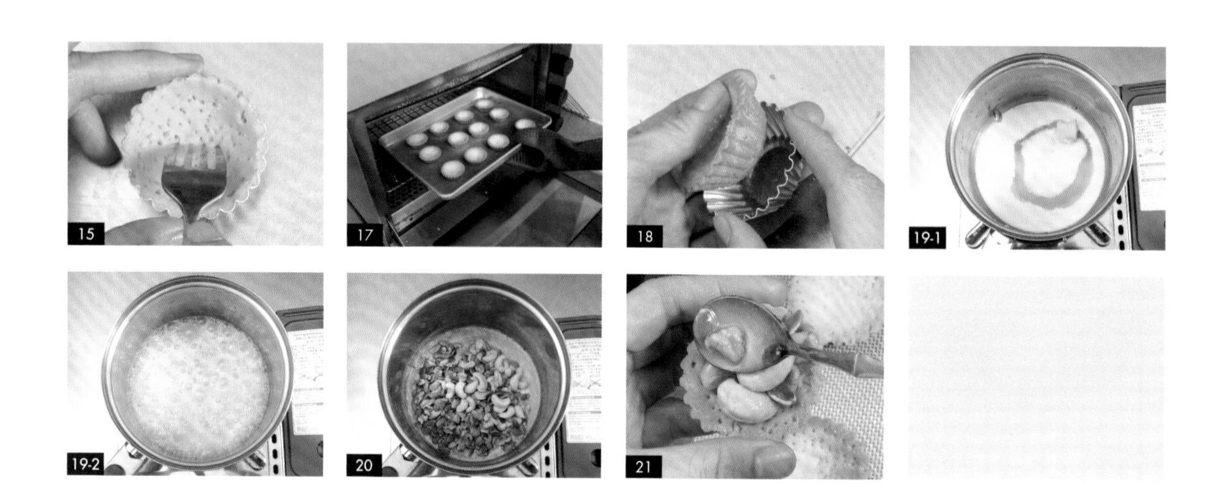

Combination of Candy & Biscuits No.23

◆ 糖果與餅乾的結合

黑糖杏仁酥

保存方式 常溫密封保存10天。

取出時機 待稍冷卻尚有餘溫時裁切。

INGREDIENTS 材料

餅乾酥

① 無鹽奶油（常溫回軟）	60g
② 糖粉（過篩）	40g
③ 蛋黃	18g
④ 起司粉	10g
⑤ 杏仁粉	15g
⑥ 低筋麵粉（過篩）	100g

黑糖焦糖

⑦ 烤熟杏仁	80g
⑧ 動物性鮮奶油	100g
⑨ 濃縮乳品	100cc
⑩ 水麥芽	25g
⑪ 蜂蜜	20cc
⑫ 黑糖	100g
⑬ 宮古島雪鹽	2g

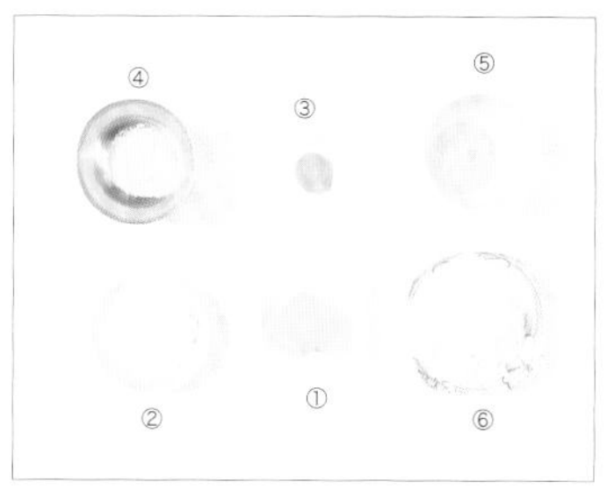

STEP BY STEP 步驟

前置作業

01 將無鹽奶油常溫回軟，備用。

02 將烤熟杏仁放入已預熱至上火100度、下火100度的烤箱中保溫，備用。

餅乾酥製作

03 取一鋼盆，倒入無鹽奶油，再取篩網，將糖粉過篩加入無鹽奶油中，並以刮刀拌勻。

04 以電動攪拌機將無鹽奶油、糖粉打至呈絨毛狀態。

→ 將無鹽奶油、糖粉打至呈撕裂狀。

05 在鋼盆中加入蛋黃後，以電動攪拌機拌勻。

06 在鋼盆中加入起司粉、杏仁粉後，以電動攪拌機拌勻。

※ 起司粉、杏仁粉無須過篩。

07 以篩網為輔助，在盆上過篩½低筋麵粉，並以刮刀切拌均勻。

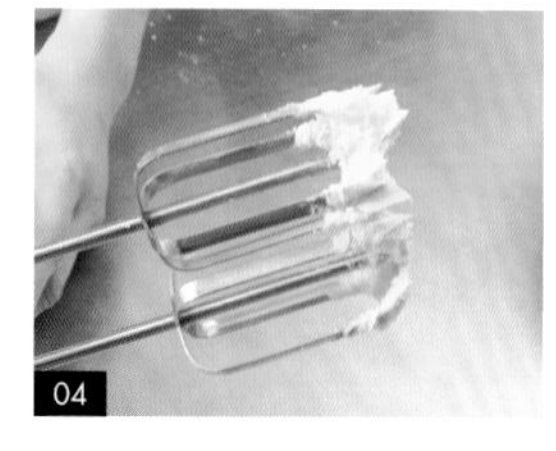

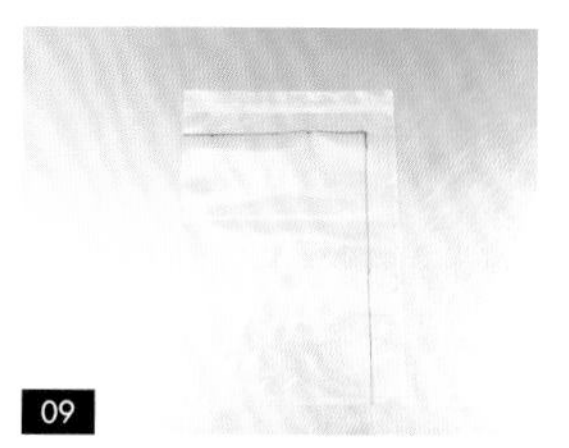

08 以篩網為輔助，在盆上過篩剩下的½低筋麵粉，再以刮刀切拌均勻至麵糊成團，即完成麵團製作。

09 取塑膠夾鏈袋，以奇異筆畫出長24公分、寬17公分的長方形記號。

10 將麵團放入塑膠夾鏈袋中，先用掌心稍微按壓麵團後，再以擀麵棍將麵團擀平。

11 取刮板將超過區域的麵團推回記號線中，以修飾麵團形狀。

⇒ 取刮板將麵團以斜推方式修飾。

12 將麵團放入冷凍庫中靜置，待麵團變硬，以便於取出。

⇒ 可將平坦堅硬物體墊在麵團下方，以防止麵團變形。

13 將麵團從冷凍庫中取出，並以剪刀將塑膠夾鏈袋剪開後，取下。

14 將麵團放在烤盤上，以叉子在麵團上戳洞，以防止麵團膨脹。

⇒ 若麵團太硬，可常溫靜置待麵團軟化後再戳洞。

15 將麵團放入已預熱至上火170度、下火170度的烤箱中，烘烤8分鐘。

16 取出麵團，並轉向180度後，再烘烤8分鐘，並從烤箱中取出，即完成餅乾酥製作。

⇒ 將烤盤轉向再烘烤，以使麵團均勻受熱。

黑糖杏仁漿製作

17 準備一空鍋，先依序倒入動物性鮮奶油、濃縮乳品、水麥芽、蜂蜜、黑糖，開中大火熬煮。

⇒ 先加入液態材料，再加入固態材料。

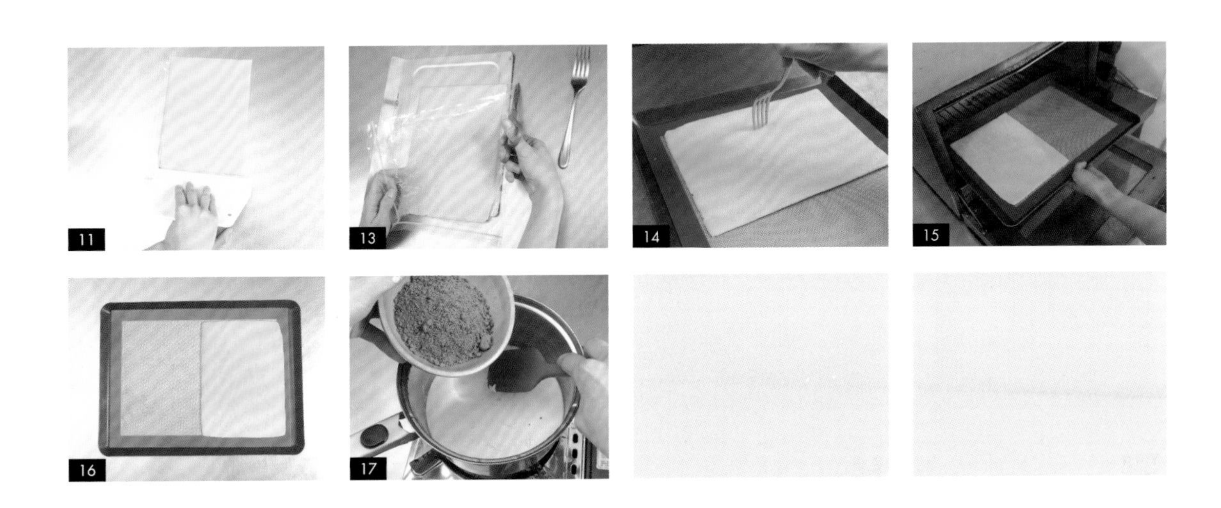

18 在鍋中放入探針以測量溫度，待溫度升至102度後轉小火，再以刮刀攪拌黑糖漿，以防止黑糖漿沾黏鍋底。

⇨ 102度的黑糖漿呈現大泡泡的狀態。

19 待溫度升至114度時關火，並以刮刀持續攪拌黑糖漿。

20 熄火，取出保溫的烤熟杏仁，並加入鍋中後，以刮刀拌勻，即完成黑糖杏仁漿製作。

組合

21 將黑糖杏仁漿倒在餅乾酥上，以刮刀將黑糖漿均勻平鋪，四邊預留約1公分寬，即完成黑糖杏仁酥。

22 將黑糖杏仁酥放入烤箱，烘烤5分鐘，以加強結合黑糖杏仁漿及餅乾酥。

23 將黑糖杏仁酥從烤箱中取出，並撒上宮古島雪鹽後，靜置稍微冷卻。

⇨ 在黑糖杏仁酥表面撒上宮古島雪鹽較不膩口。

24 在刀子上噴烤盤油，以防止黑糖杏仁漿沾黏。

25 先以刀子切除四邊預留的餅乾酥，再將黑糖杏仁酥切成塊狀，即可享用。

⇨ 於剛出爐時裁切黑糖杏仁酥較容易碎裂；完全冷卻後則難以裁切；須在餅乾體尚有餘溫時裁切。

黑糖杏仁酥
製作動態影片
QRcode

Combination of Candy & Biscuits No.24

◆ 糖果與餅乾的結合

腰果紅茶酥

保存方式 常溫密封保存10天。

取出時機 待稍冷卻尚有餘溫時裁切。

INGREDIENTS 材料

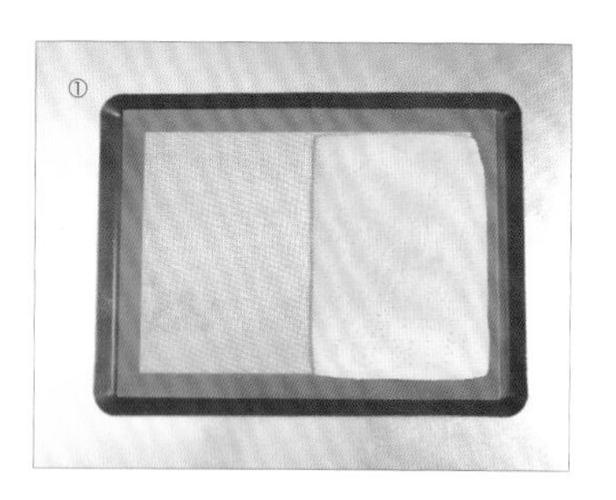

① 餅乾酥（可參考黑糖杏仁酥 P.198-199。）	
② 烤熟腰果	155g
③ 鮮奶	100g
④ 紅茶包	1 包
⑤ 動物性鮮奶油	100g
⑥ 水麥芽	50g
⑦ 二號砂糖	50g
⑧ 鹽巴	2g
⑨ 無鹽奶油	15g
⑩ 紅茶粉	4g

STEP BY STEP 步驟

前置作業

01 將烤熟腰果放入已預熱至上火80度、下火80度的烤箱中保溫，備用。

腰果紅茶糖漿製作

02 準備一空鍋，倒入鮮奶、並放入紅茶包，開火煮2分鐘。

03 2分鐘後關火，並將盤子蓋在鍋上，燜3分鐘後，取出紅茶包，即完成鮮奶茶。

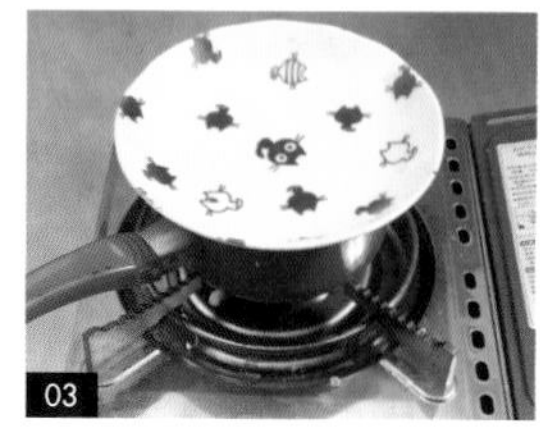

04 在空鍋中依序倒入鮮奶茶、動物性鮮奶油、水麥芽、二號砂糖、鹽巴、無鹽奶油，開中大火熬煮。

⇒ 先加入液態材料，再加入固態材料。

05 在鍋中放入探針以測量溫度，待溫度升至105度後加入紅茶粉，轉小火並以刮刀持續攪拌紅茶糖漿。

⇒ 未煮滾前勿攪拌，以免反砂。

06 待溫度升至113度時關火，並以刮刀持續攪拌紅茶糖漿。

07 待紅茶糖漿煮勻，取出烤熟腰果，加入鍋中，以刮刀拌勻，即完成腰果紅茶糖漿製作。

組合

08 將腰果紅茶糖漿倒在餅乾酥上，以刮刀將紅茶糖漿均勻平鋪，四邊預留約1公分寬，即完成腰果紅茶酥。

09 將腰果紅茶酥放入烤箱，烘烤5分鐘，以加強結合腰果紅茶糖漿及餅乾酥。

10 將腰果紅茶酥從烤箱中取出後，靜置稍微冷卻。

11 在刀子上噴烤盤油，以防止腰果紅茶糖漿沾黏。

12 先以刀子切除四邊預留的餅乾酥，再將腰果紅茶酥切成塊狀，即可享用。

⇒ 於剛出爐時裁切腰果紅茶酥較容易碎裂 ；完全冷卻後則難以裁切；須在餅乾體尚有餘溫時裁切。

腰果紅茶酥製作動態影片QRcode

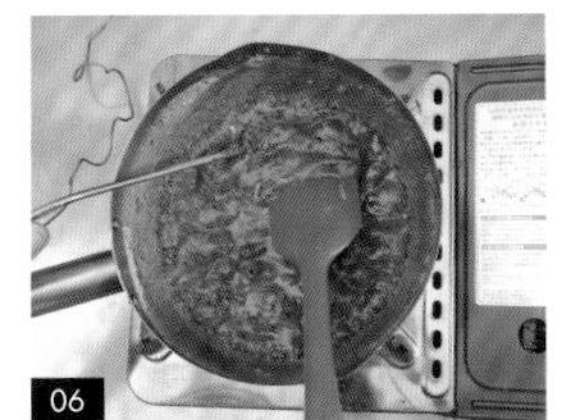

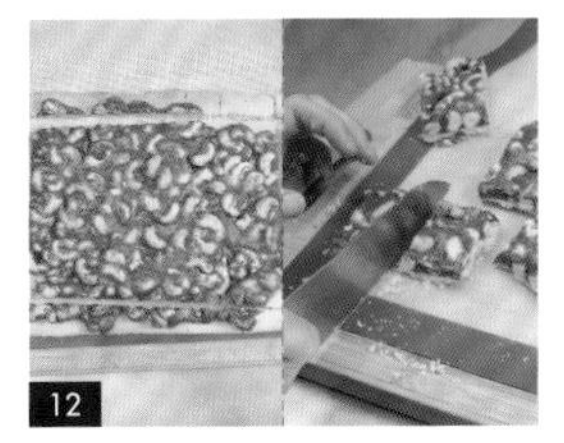

Combination of Candy & Biscuits No.25

◆ 糖果與餅乾的結合

抹茶杏仁芝麻糖餅

INGREDIENTS 材料

餅乾體配方

① 無鹽奶油 a（常溫回軟） 125g
② 蛋白（常溫） 25g
③ 糖粉 50g
④ 杏仁粉 10g
⑤ 香草醬 少許
⑥ 低筋麵粉 100g
⑦ 玉米粉 15g
⑧ 抹茶粉 8g

內餡

⑨ 細砂糖 15g
⑩ 無鹽奶油 b（常溫回軟） 15g
⑪ 烤熟杏仁角 20g
⑫ 黑芝麻 5g
⑬ 蜂蜜 15cc

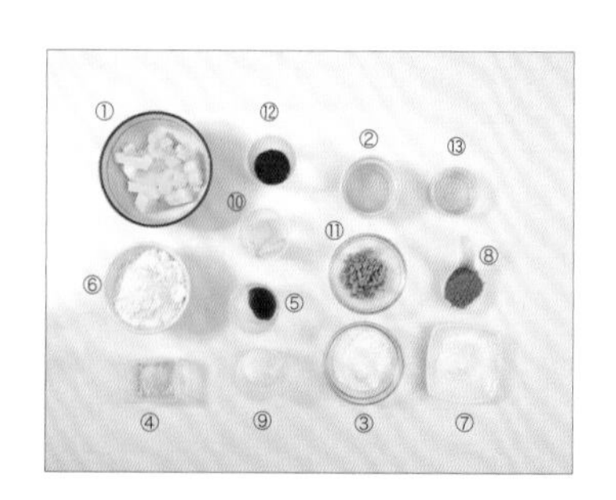

保存方式 常溫密封保存7天。

裁切時機 冷卻後裁切。

STEP BY STEP 步驟

❀ 前置作業

01 將無鹽奶油a、b常溫回軟，備用。

02 將蛋白從全蛋中分離，並靜置待恢復常溫，備用。

03 將烤熟杏仁角、黑芝麻放入已預熱至上火80度、下火80度的烤箱中保溫，備用。

❀ 麵糊製作

04 取一鋼盆，倒入無鹽奶油a，再取篩網，將糖粉過篩加入無鹽奶油a中，並以刮刀拌勻。

05 以電動攪拌機將無鹽奶油a、糖粉打至呈絨毛狀態。

⇒ 將無鹽奶油a、糖粉打至呈撕裂狀。

06 在鋼盆中加入¼蛋白後，以電動攪拌機拌勻。

⇒ 須以少量多次方式加入蛋白。

07 重複步驟6，分四次加入¼蛋白，並以電動攪拌機拌勻。

08 在鋼盆中加入杏仁粉後，以電動攪拌機拌勻。

09 加入香草醬後，以電動攪拌機拌勻。

10 將低筋麵粉、玉米粉、抹茶粉混合，為抹茶麵粉。

11 以篩網為輔助，在盆上過篩½抹茶麵粉，並以刮刀切拌均勻。

12 重複步驟11，過篩剩下的½抹茶麵粉，並切拌均勻，為抹茶麵糊。

13 將花嘴放入三明治袋中，並將三明治袋尖端以剪刀平剪小洞。

14 用手將花嘴前端由小洞拉出後，再扭轉花嘴以固定塑膠袋。

15 取量杯，並放入三明治袋後，以刮刀為輔助，將鋼盆中的抹茶麵糊刮入量杯中。

16 將三明治袋提起，並在尾端打結，即完成抹茶麵糊製作。

烘烤

17 在烤盤上鋪上烘焙布後，以三明治袋在烤盤上繞出兩圈圓形，呈現甜甜圈狀。

⇒ 圓形麵糊間須預留間隔，以免烘烤後膨脹相連。

18 將麵糊放入已預熱至上火170度、下火170度的烤箱，並烘烤9分鐘。

19 取出麵糊，並轉向180度後，再烘烤9分鐘，為抹茶餅。

⇒ 將烤盤轉向再烘烤，以使麵糊均勻受熱。

20 從烤箱中取出抹茶餅後，靜置冷卻。

杏仁芝麻糖漿製作及組合

21 準備一空鍋，加入蜂蜜、細砂糖、無鹽奶油b，再開中大火熬煮。

⇒ 先加入液態材料，再加入固態材料。

22 將糖漿煮勻後，取出保溫的烤熟杏仁角、黑芝麻，並加入鍋中。

⇒ 糖漿未煮滾前勿攪拌，以免反砂。

23 以刮刀將糖漿、黑芝麻、烤熟杏仁角拌勻，即完成杏仁芝麻糖漿製作。

24 以湯匙將杏仁芝麻糖漿舀入抹茶餅中空處。

⇒ 也可戴上耐熱手套後，用手填餡。

25 可將已裝入糖漿的抹茶餅，放入上火170度、下火170度的烤箱，並烘烤3分鐘，以確保糖漿與抹茶餅的結合。

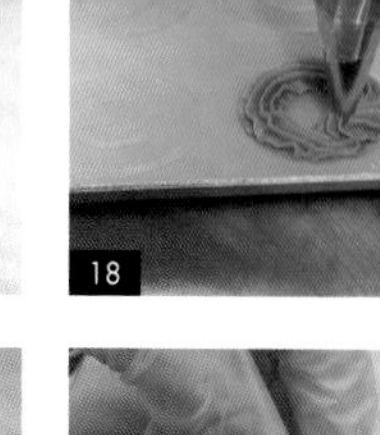

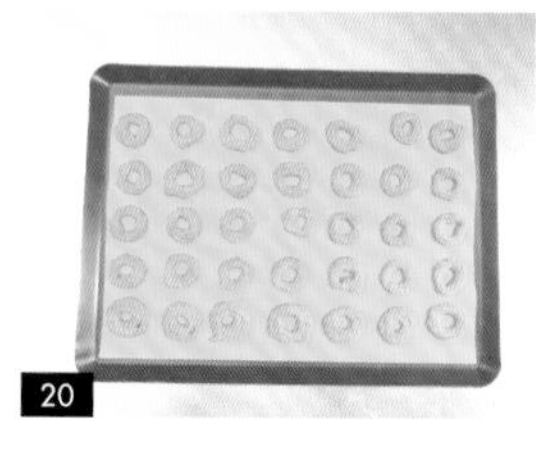

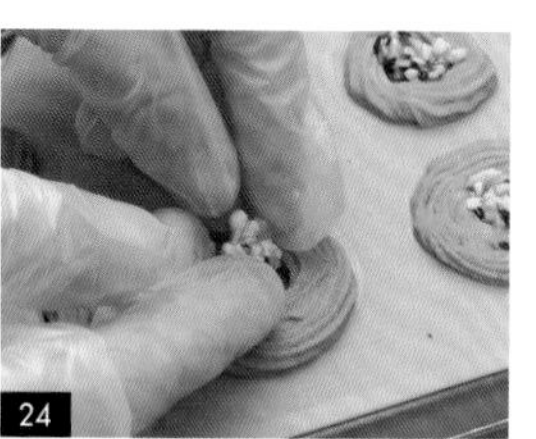

抹茶杏仁芝麻糖餅
製作動態影片 QRcode

布朗尼堅果巧克力

保存方式 冷凍密封保存14天；冷藏密封保存5天。

INGREDIENTS 材料

① 無鹽奶油（常溫回軟） 115g
② 全蛋（常溫） 3顆
③ 烤熟堅果 50g
④ 低筋麵粉 40g
⑤ 可可粉 28g
⑥ 小蘇打粉 1g
⑦ 苦甜巧克力 115g
⑧ 細砂糖 70g
⑨ 動物性鮮奶油 40g
⑩ 甘納許巧克力醬 適量
（可參考甘納許巧克力醬 P.220-221。）
⑪ 橙皮（泡酒） 40g

STEP BY STEP 步驟

前置作業

01 將無鹽奶油常溫回軟，備用。

02 將全蛋靜置待恢復至常溫，備用。

03 取一容器，加入全蛋，並以打蛋器均勻打散，為蛋液，備用。

04 將烤熟堅果放入已預熱至上火80度、下火80度的烤箱中保溫，備用。

05 將低筋麵粉、可可粉、小蘇打粉混合，為可可麵粉。

巧克力麵糊製作

06 取鍋子，先加水，再將鋼盆放在鍋內，以預備隔水加熱。

⇒ 隔水加熱溫度勿超過50度。

06-1

06-2

10

12

07 在鋼盆中倒入無鹽奶油、苦甜巧克力後，再加入細砂糖，並以刮刀攪拌均勻。

08 開火，並以刮刀持續攪拌巧克力，煮至融化，為巧克力糊。

09 加入½蛋液，並以打蛋器攪拌均勻。

10 重複步驟9，加入剩下的½蛋液，並攪拌均勻。

11 以篩網為輔助，在盆上過篩½可可麵粉，並以打蛋器攪拌均勻。

12 以篩網為輔助，在盆上過篩剩下的½可可麵粉、動物鮮奶油，再以打蛋器攪拌均勻，即完成巧克力麵糊製作。

烘烤及組合

13 在模具上噴烤盤油，以防止沾黏。

14 將巧克力麵糊倒入模具中，並放在烤盤上。

15 將烤盤放入已預熱至上火170度、下火170度的烤箱中，並烘烤10分鐘。

16 將烤盤轉向180度後，再烘烤10分鐘，即完成布朗尼蛋糕。

⇒ 將烤盤轉向再烘烤，以使麵糊均勻受熱。

17 從烤箱中取出布朗尼蛋糕後脫模，並在中空處擠入甘納許巧克力醬。

⇒ 擠入巧克力醬時不須填滿，因後續步驟還有堅果、橙皮。

18 取出烤熟堅果、橙皮，並放在甘納許巧克力醬上，即可享用。

布朗尼堅果巧克力
製作動態影片
QRcode

14

15

17

18

Jam No.27

◆ 果醬製作

鳳梨蘋果醬

INGREDIENTS 材料

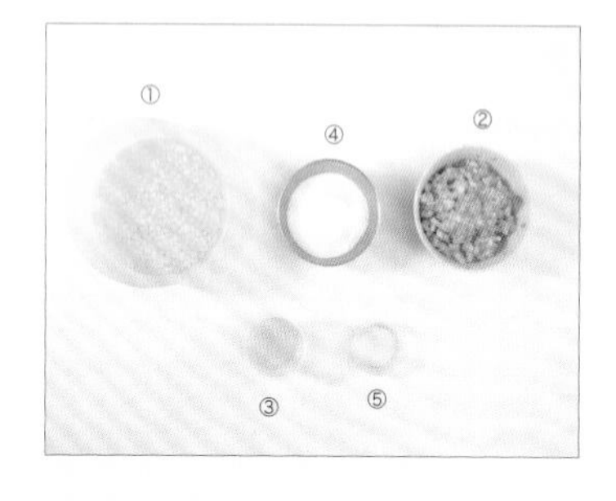

材料	份量
① 蘋果（切丁泡鹽巴水）	80g
② 鳳梨（切丁）	320g
③ 檸檬汁	40cc
④ 細砂糖	100g
⑤ 甜酒	20cc

鳳梨蘋果醬製作
動態影片QRcode

保存方式 冷凍密封保存1個月；冷藏密封保存14天；常溫未開封保存7天；只要開封就須冷藏保存，並在14天內享用完畢。

取出方式 在80度以上時裝瓶、倒扣，即可形成真空狀態。

STEP BY STEP 步驟

前置作業

01 將鳳梨切丁，備用。

02 將蘋果切丁，泡入鹽巴水中，備用。

⇒ 將蘋果丁泡入鹽巴水，可防止蘋果變黃。

03 以篩網過濾蘋果丁，將鹽巴水濾除。

鳳梨蘋果醬製作

04 在鍋中倒入蘋果丁、鳳梨丁、檸檬汁後，再以刮刀攪拌均勻。

05 開火後，以刮刀持續攪拌水果丁，並熬煮至水果丁逐漸透明。

⇒ 勿停止攪拌，以防止果醬沾黏鍋底。

06 加入½細砂糖，並以刮刀攪拌均勻。

07 加入剩下的½細砂糖，並以刮刀持續攪拌均勻。

08 取一空盤，以湯匙沾取些許果醬到盤上，並以湯匙在果醬中間畫線，以測試果醬濃度，直至果醬不會快速密合時，即可進行下一步驟。

⇒ 也可以探針測量果醬溫度至105～107度時，停止熬煮。

09 加入甜酒，並以刮刀攪拌均勻後，再稍微熬煮，關火。

10 取湯匙趁熱將果醬裝罐，裝入果醬後，可輕敲罐底以排出空氣。

⇒ 須趁果醬溫度在80度以上時裝罐，以形成真空狀態。

11 將瓶蓋蓋上並倒扣，使裡面形成真空狀態，待冷卻後，即可享用。

01　02　04-1　04-2　04-3　06　07　08　09　10　11

Jam No.28

◆ 果醬製作

芒果香橙醬

INGREDIENTS 材料

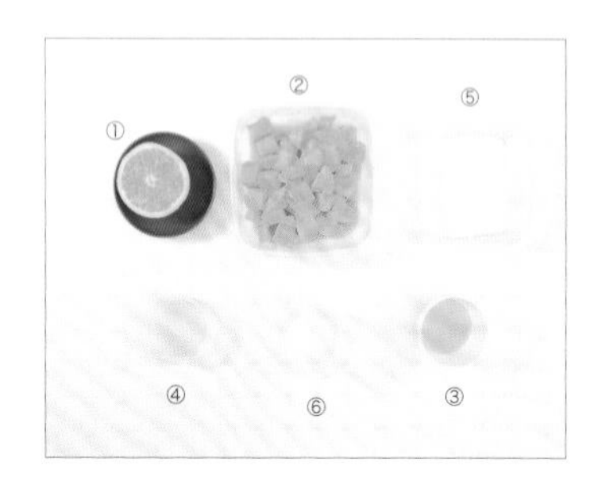

① 甜橙（切丁）	半顆
② 芒果（切丁）	200g
③ 橙汁	20cc
④ 檸檬汁	15cc
⑤ 細砂糖	55g
⑥ 橙酒	20cc

芒果香橙醬製作
動態影片QRcode

保存方式 冷凍密封保存1個月；冷藏密封保存14天；常溫未開封保存7天；只要開封就須冷藏保存，並在14天內享用完畢。

取出方式 在80度以上時裝瓶、倒扣，即可形成真空狀態。

STEP BY STEP 步驟

❀ 前置作業

01 先將半顆甜橙去皮後切丁，為甜橙丁，備用。

02 將芒果切丁，備用。

❀ 芒果香橙醬製作

03 在鍋中倒入芒果丁、甜橙丁、橙汁、檸檬汁後，再以刮刀攪拌均勻。

04 加入½細砂糖，並以刮刀攪拌均勻。

05 加入剩下的½細砂糖，並以刮刀持續攪拌均勻。

06 取一空盤，以湯匙沾取些許果醬到盤上，並以湯匙在果醬中間畫線，以測試果醬濃度，直至果醬不會快速密合時，即可進行下一步驟。

⇒ 也可以探針測量果醬溫度至105～107度時，停止熬煮。

07 加入橙酒，並以刮刀攪拌均勻後，再稍微熬煮，關火。

08 取湯匙趁熱將果醬裝罐，裝入果醬後，可輕敲罐底以排出空氣。

⇒ 須趁果醬溫度在80度以上時裝罐，以形成真空狀態。

09 將瓶蓋蓋上並倒扣，使裡面形成真空狀態，待冷卻後，即可享用。

Jam No.29

◆ 果醬製作

藍莓果醬

INGREDIENTS 材料

① 藍莓（冷凍）	400g
② 檸檬汁	30cc
③ 細砂糖	100g
④ 橙酒	20cc

藍莓果醬製作
動態影片QRcode

保存方式 冷凍密封保存1個月；冷藏密封保存14天；常溫未開封保存7天；只要開封就須冷藏保存，並在14天內享用完畢。

取出方式 在80度以上時裝瓶、倒扣，即可形成真空狀態。

STEP BY STEP 步驟

01　在鍋中倒入冷凍藍莓、檸檬汁後，再以刮刀攪拌均勻。

⇨ 可以新鮮藍莓取代冷凍藍莓。

02　開火後，以刮刀持續攪拌藍莓。

⇨ 勿停止攪拌，以防止果醬沾黏鍋底。

03　加入½細砂糖，並以刮刀攪拌均勻。

04　加入剩下的½細砂糖，並以刮刀持續攪拌均勻。

05　取一空盤，以湯匙沾取些許果醬到盤上，並以刮刀在果醬中間畫線，以測試果醬濃度，直至果醬不會快速密合時，即可進行下一步驟。

⇨ 也可以探針測量果醬溫度至105～107度時停止熬煮。

06　加入橙酒，並以刮刀攪拌均勻後，再稍微熬煮，關火。

07　取湯匙趁熱將果醬裝罐，裝入果醬後，可輕敲罐底以排出空氣。

⇨ 須趁果醬溫度在80度以上時裝罐，以形成真空狀態。

08　將瓶蓋蓋上並倒扣，使裡面形成真空狀態，待冷卻後，即可享用。

Jam No.30

◆ 果醬製作

蔓越莓果醬

INGREDIENTS 材料

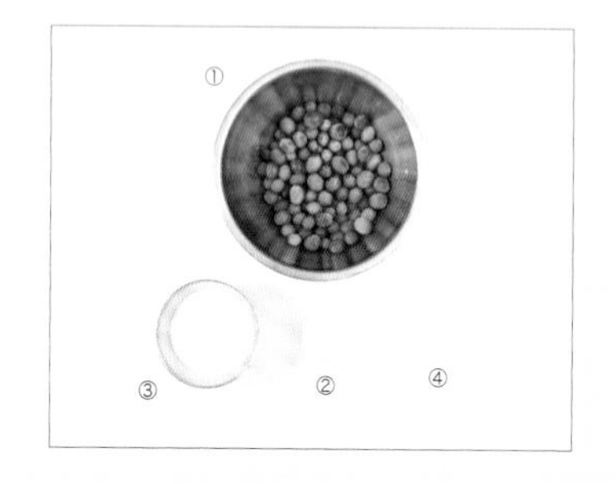

① 蔓越莓（冷凍）……400g
② 檸檬汁……30cc
③ 細砂糖……200g
④ 橙酒……20cc

蔓越莓果醬製作
動態影片QRcode

保存方式 冷凍密封保存1個月；冷藏密封保存14天；常溫未開封保存7天；只要開封就須冷藏保存，並在14天內享用完畢。

取出方式 在80度以上時裝瓶、倒扣，即可形成真空狀態。

STEP BY STEP 步驟

01 在鍋中倒入冷凍蔓越莓、檸檬汁後，再以刮刀攪拌均勻。

⇒ 可以新鮮蔓越莓取代冷凍蔓越莓。

02 開火後，以刮刀持續攪拌蔓越莓。

⇒ 勿停止攪拌，以防止果醬沾黏鍋底。

03 加入½細砂糖，並以刮刀攪拌均勻。

04 加入剩下的½細砂糖，並以刮刀持續攪拌均勻。

05 取一空盤，以湯匙沾取些許果醬到盤上，並以湯匙在果醬中間畫線，以測試果醬濃度，直至果醬不會快速密合時，即可進行下一步驟。

⇒ 也可以探針測量果醬溫度至105～107度時停止熬煮。

06 加入橙酒，並以刮刀攪拌均勻後，再稍微熬煮，關火。

07 取湯匙趁熱將果醬裝罐，裝入果醬後，可輕敲罐底以排出空氣。

⇒ 須趁果醬溫度在80度以上時裝罐，以形成真空狀態。

08 將瓶蓋蓋上並倒扣，使裡面形成真空狀態，待冷卻後，即可享用。

Jam No.31

◆ 果醬製作

檸檬奶油醬

保存方式 冷藏密封保存7天；只要開封就須冷藏保存，並在14天內享用完畢。

取出方式 常溫後冷藏保存。

INGREDIENTS 材料

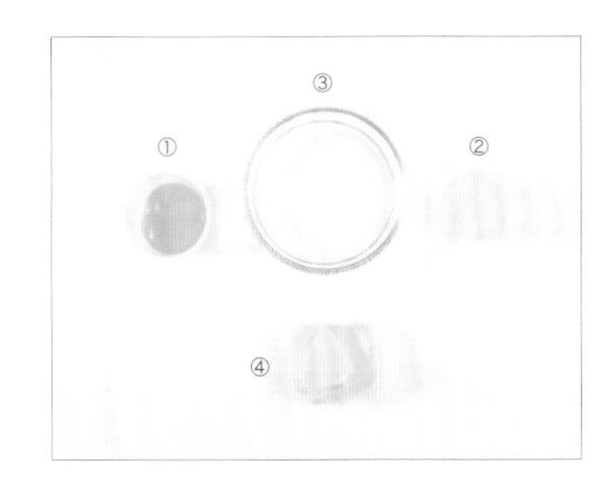

① 蛋黃	2 顆
② 檸檬汁	80cc
③ 細砂糖	90g
④ 無鹽奶油	60g

檸檬奶油醬製作
動態影片 QRcode

STEP BY STEP 步驟

01 準備一鋼盆，並倒入兩顆蛋黃。

02 取鍋子，先加水，再將鋼盆放在鍋內，以預備將蛋黃隔水加熱。

03 在鋼盆中倒入檸檬汁後，再以刮刀攪拌均勻，並加入細砂糖。

04 加入無鹽奶油後，開火，隔水加熱以融化無鹽奶油。

05 以打蛋器持續攪拌均勻，至無鹽奶油完全融化。

⇒ 勿停止攪拌，以防止奶油醬沾黏鍋底。

06 取一空盤，以湯匙沾取些許奶油醬到盤上，並以湯匙在奶油醬中間畫線，以測試奶油醬濃度，至奶油醬不會快速密合時，即可進行下一步驟。

07 取湯匙趁熱將奶油醬裝罐，待冷卻後，即可享用。

01

03-1

03-2

04

05

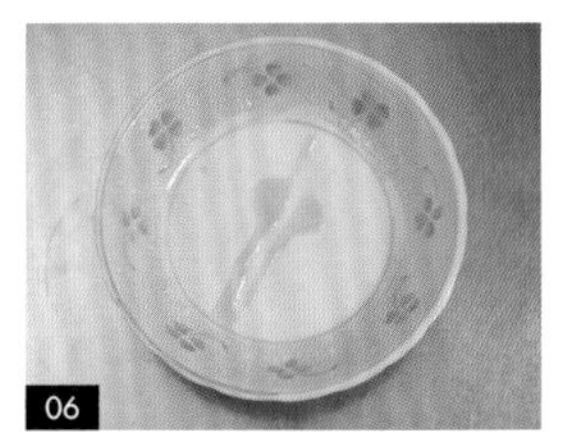
06

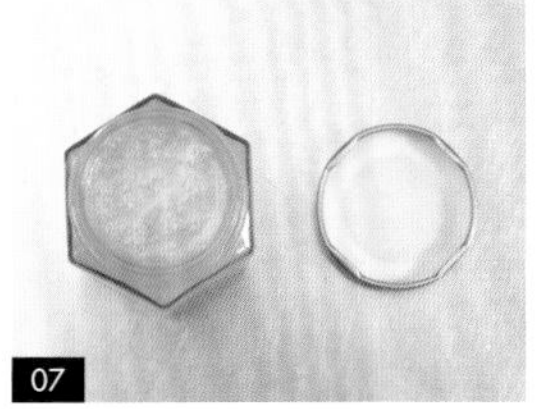
07

Jam No.32

◆ 果醬製作

甘納許巧克力醬

INGREDIENTS 材料

① 無鹽奶油（常溫回軟）............10g
② 動物性鮮奶油............70g
③ 苦甜巧克力............100g

甘納許巧克力醬
製作動態影片
QRcode

保存方式 冷藏密封保存7天；只要開封就須冷藏保存，並在14天內享用完畢。

取出方式 常溫後冷藏保存。

STEP BY STEP 步驟

01　將無鹽奶油常溫回軟，備用。

02　準備一空鍋，倒入動物性鮮奶油，並加熱至回溫後，關火，備用。

03　取一鋼盆，倒入苦甜巧克力。

04　取一鍋子，先加水，再將鋼盆放在鍋內，並開火，隔水加熱巧克力，並以刮刀持續攪拌。

⇒ 勿停止攪拌，以防止巧克力沾黏鍋底。

05　在水中加入探針，以測試水溫，並以刮刀持續攪拌巧克力醬。

⇒ 溫度勿超過55度，以免巧克力油水分離。

06　加入動物性鮮奶油，以刮刀持續攪拌巧克力醬至融化後，關火。

07　離鍋，加入無鹽奶油，並以刮刀攪拌均勻，利用巧克力醬的餘溫融化無鹽奶油，即完成甘納許巧克力醬。

08　先取量杯，再將三明治袋套在量杯上，並以刮刀將甘納許巧克力醬倒入三明治袋中。

09　將三明治袋尾端打結，即完成甘納許巧克力醬。

Candies×Sweets
Handmade Everyday
Dessert recipes such as macaron, soft candy, marshmallow, and rice fragrant are unveiled

糖果×甜點的手作日常

馬卡龍、軟糖、棉花糖、米香等甜品配方大公開

書　　名　糖果 × 甜點的手作日常：馬卡龍、軟糖、棉花糖、米香等甜品配方大公開
作　　者　Even（林憶雯）

發 行 人　程安琪
總 策 劃　程顯灝
總 企 劃　盧美娜
主　　編　譽緻國際美學企業社．莊旻嬑
助理文編　譽緻國際美學企業社．許雅容、黃郁諠
美　　編　譽緻國際美學企業社．羅光宇
封面設計　洪瑞伯
攝 影 師　黃世澤

藝文空間　三友藝文複合空間
地　　址　106 台北市安和路 2 段 213 號 9 樓
電　　話　（02）2377-1163

發 行 部　侯莉莉
出 版 者　橘子文化事業有限公司
總 代 理　三友圖書有限公司
地　　址　106 台北市安和路 2 段 213 號 4 樓
電　　話　（02）2377-4155
傳　　真　（02）2377-4355
E-mail　service @sanyau.com.tw
郵政劃撥　05844889 三友圖書有限公司

總 經 銷　大和書報圖書股份有限公司
地　　址　新北市新莊區五工五路 2 號
電　　話　（02）8990-2588
傳　　真　（02）2299-7900

初　版　2021 年 01 月
定　價　新臺幣 480 元
ISBN　978-986-364-173-5（平裝）

國家圖書館出版品預行編目（CIP）資料

糖果X甜點的手作日常：馬卡龍、軟糖、棉花糖、米香等甜品配方大公開/Even(林憶雯)作. -- 初版. -- 臺北市：橘子文化事業有限公司, 2021.01
面；　公分
ISBN 978-986-364-173-5(平裝)

1.點心食譜

427.16　　109018039

三友官網

三友 Line@